纺织与服装专业
新形态教材系列

Fundamentals of
Fashion Design

孙路苹 吴训信 和 健 主编

服装设计基础

化学工业出版社

·北京·

内容简介

本书是一本全面介绍服装设计基础知识的教程，从培养高等技术型人才出发，着重讲述服装设计的基本理论、基本技能，配以大量的图片方便学生理解，并在此基础上更有效地将理论运用到实践中。本书共6个项目、25个任务，从服装设计概述、服装的造型设计、服装的色彩设计、服装的材料设计、服装的专题设计、服装的系列设计几方面展开详细论述。

本书适合作为高等职业技术院校、应用型本科院校服装类相关专业的教材，也可供服装从业人员及服装设计爱好者参考学习。

图书在版编目（CIP）数据

服装设计基础 / 孙路苹，吴训信，和健主编.

北京 : 化学工业出版社，2025. 1. -- （纺织与服装专业新形态教材系列）. -- ISBN 978-7-122-46726-3

Ⅰ. TS941.2

中国国家版本馆CIP数据核字第2024CT0521号

责任编辑：徐　娟　　　　文字编辑：刘　璐　　　　装帧设计：中海盛嘉
责任校对：宋　玮　　　　　　　　　　　　　　　　封面设计：刘丽华

出版发行：化学工业出版社（北京市东城区青年湖南街13号　邮政编码100011）
印　　装：北京瑞禾彩色印刷有限公司
787mm×1092mm　1/16　印张8¹/₂　字数200千字　2025年3月北京第1版第1次印刷

购书咨询：010-64518888　　　　　　　　　　　　　售后服务：010-64518899
网　　址：http://www.cip.com.cn
凡购买本书，如有缺损质量问题，本社销售中心负责调换。

定　　价：58.00元

前言

在当今时尚潮流的激荡中，服装设计不仅是一门艺术，更是一项需要系统学习和深入理解的技能。随着社会的不断发展和人们审美观念的更新，服装设计行业对设计师的要求也越来越高，他们不仅要掌握服装设计的基础知识，还需要具备将创意转化为实际作品的能力。

本书从服装的特性、分类、应用到设计的各个环节，均进行了详细而系统的论述，力求帮助读者构建完整的服装设计知识体系。在内容编排上，本书首先介绍了服装设计的基础概念，让读者对服装设计有一个宏观的认识。接着，从服装的造型设计、色彩设计、材料设计等方面入手，详细阐述了设计过程中的各个环节。此外，本书还特别关注了服装的专题设计和系列设计，通过大量的案例分析和实际操作，帮助读者深入了解服装设计的实际应用。

本书由嘉兴职业技术学院孙路苹老师、广东女子职业技术学院吴训信老师和和健老师担任主编，嘉兴职业技术学院王胜伟老师、苏州高等职业技术学院杨妍老师、广州科技贸易职业学院杨焕红老师参加编写。其中项目1、项目3由吴训信、王胜伟、杨焕红编写，项目2、项目4由孙路苹编写，项目5、项目6由和健、杨妍编写。苏州大学艺术学院李正教授、叶青老师为此次撰写提供了大量资料与帮助，在此表示真挚的感谢。在本书的编写过程中还得到了苏州大学、广东女子职业技术学院、嘉兴职业技术学院、苏州高等职业技术学院、湖南民族职业学院、南京传媒学院的领导和部分老师的大力支持，在此一并表示感谢。

由于编者水平有限，书中难免存在疏漏和不足之处，敬请广大读者批评指正。

编者

2024年5月

目录

教学内容及课时安排

项目/课时	任务	课程内容
项目1 服装设计概述 （4课时）	1.1	服装设计的概念
	1.2	服装设计的基本原则
	1.3	服装设计的形式美法则
	1.4	服装设计的程序与表达
	1.5	服装设计师的专业素养
项目2 服装的造型设计 （8课时）	2.1	服装外部廓形设计
	2.2	服装内部轮廓设计
	2.3	服装细节设计
项目3 服装的色彩设计 （8课时）	3.1	服装色彩的概念及特征
	3.2	服装色彩的分类
	3.3	服装色彩的搭配原理
	3.4	服装色彩趋势
项目4 服装的材料设计 （10课时）	4.1	服装材料的分类
	4.2	服装材料的增形设计
	4.3	服装材料的减形设计
	4.4	服装材料的综合设计
项目5 服装的专题设计 （12课时）	5.1	休闲装设计
	5.2	职业装设计
	5.3	礼服设计
	5.4	童装设计
	5.5	内衣设计
项目6 服装的系列设计 （8课时）	6.1	服装系列设计的概念
	6.2	服装系列设计的方法
	6.3	服装系列设计的表现形式
	6.4	系列服装设计案例分析

注：各院校可根据自身的教学特点和教学计划对课时数进行调整。

）项目 1
服装设计概述

教学内容　服装设计的概念，服装设计的基本原则，服装设计的形式美法则，服装设计的程序与表达，服装设计师的专业素养。

知识目标　掌握服装设计的概念和基本原则，熟悉服装设计的形式美法则，掌握服装设计的基本流程与表达方法，了解服装设计师的专业素养。

能力目标　能准确理解服装设计的概念，能够深入理解并熟练运用服装设计的基本原则，能够熟练运用服装设计的形式美法则，能够按照服装设计的程序有序地进行设计表达，能够不断提升作为服装设计师应具备的专业素养。

思政目标　培养学生的文化自信，引导学生树立正确的价值观，培养学生的审美情趣，强化学生的职业道德意识。

服装设计作为一种富有创意的艺术形式，需要设计师通过灵活运用面料，色彩和款式等元素，将灵感转换为具体的设计作品（图1-1）。服装设计遵循一系列基本美学原则，这些原则包括平衡、对比、节奏和统一等，它们共同构成了服装设计的基石。服装设计的程序与表达也是至关重要的，设计师需要通过市场调研、灵感收集、草图绘制、面料选择、打板制作等一系列步骤，将创意转化为具体的服装样品。同时，服装设计师的专业素养对于职业发展至关重要，需要具备敏锐的时尚洞察力，能够捕捉市场趋势和消费者需求；同时，还需要具备扎实的艺术功底和工艺技术，能够创作出既美观又实用的服装作品；此外，良好的沟通能力和团队协作能力也是不可或缺的品质。

图1-1　服装设计作品（设计师：徐文洁）

任务1.1　服装设计的概念

服装设计是一门集艺术、技术与创意于一体的综合性学科，涉及对服装的外观、结构、功能以及穿着体验的全面考量。作为时尚产业的核心组成部分，服装设计旨在通过独特的创意和精湛的工艺，打造既符合人们的审美需求，又满足实际穿着要求的服装作品。

在服装设计中，设计师需要运用丰富的想象力，将各种元素进行巧妙组合，以设计出别具一格的服装款式。同时，还需要考虑服装的舒适性、耐用性和安全性，确保设计作品既美观又实用。此外，随着时代的发展和人们审美观念的变化，服装设计也需要不断创新和变革，以适应市场的需求和潮流的变迁。

因此，服装设计不仅仅是对美的追求，更是对功能、文化、社会等多方面因素的综合考虑。这要求设计师具备深厚的艺术素养、敏锐的市场洞察力和扎实的工艺技术，以创造出既具有艺术价值又符合市场需求的优秀设计作品。

1.1.1　服装

服装是衣服、鞋子、装饰品等的总称。广义上，服装包括衣服、鞋子、袜子、帽子、围巾、手套、领带等。狭义上，服装仅指衣服，即人们日常穿着的上衣和下装（图1-2）。

图1-2　各类服装

服装是人们日常生活中的必需品，它具有保护身体、装饰美化等功能。同时，服装也是社会文化的重要组成部分，它反映了不同时代、不同地域、不同民族的文化特点。

随着社会的发展和人们生活水平的提高，服装的款式和功能也不断推陈出新，各种时尚元素和新材料不断涌现，使得服装更加丰富多彩，也更加注重个性化和舒适性。

与服装相关的概念还有衣服、服饰、成衣、时装等。相对而言，"服装"一词更具有概括性、更常用。

1.1.2　服装设计

服装设计是指在正式生产或制作某种服装之前，根据一定的目的、要求和条件，围绕这种服装进行的构思（图1-3）、草图、绘图、定稿（图1-4）等一系列工作的总和。工业革命以前，由于生产力落后及社会生活的局限，服装设计与服装缝制没有截然分工。随着现代工业的发展，服装已成为批量生产的工业产品。同时，社会生活的日益丰富和人们经济收入的提高，也促使人们对服装的功能提出更高的要求。于是，服装设计逐步从手工业操作的匠人手中脱离出来，并发展为一门独立的、综合性的应用学科。

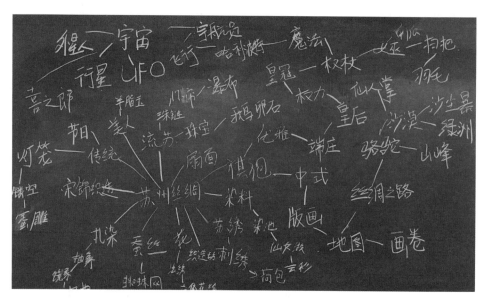

图1-3　服装构思

图1-4　服装设计系列效果图

　　首先，服装设计要使服装具备实用功能。因此，服装设计师必须研究并解决服装的外观形式、使用材料及内部结构如何更好地适应人体结构和人的活动规律等问题。只有解决好这些问题，才能使设计制作完成的服装穿着方便、舒适，才可能保证设计成功。即使那些以追求艺术美为主要目的的服装设计作品，在展示时也必须与人体以及模特的表演完美地结合起来，否则会影响其艺术美的表现。

　　其次，服装设计必须追求尽可能完美的审美功能。因此，服装设计师必须研究并解决如何运用各种形式美要素和形式美法则处理好服装的款式、色彩、材料变化，使服装更好地美化人们的生活等问题。特别是在当下，如果不能解决好这些问题，服装设计就很难受到人们的欢迎。

　　再次，服装设计是一种面向生产的设计，其设计必须与生产技术、设备和管理同步进行。因此，服装设计师必须研究并解决产品外观形式与内在质量的关系问题，研究并解决产品价值与成本的关系问题，使价值规律通过设计在生产中得到最佳体现。

最后，服装设计还是一种面向市场的设计，设计的成功与否最终要由市场来检验。因此，服装设计师必须研究不断变化的市场，研究市场销售规律和流行趋势。只有这样，才能在日益激烈的市场竞争中赢得胜利。

总之，服装设计的最终目的是谋求人与服装、社会与服装、服装厂与市场之间的相互协调。它对于满足人们的物质需求，推动社会物质文明与精神文明的发展，有着极其重要的意义。

任务1.2　服装设计的基本原则

服装设计的基本原则是指导设计师创作的重要准则，能确保设计作品既符合实际需求，又具备经济性和美观性。实用原则是服装设计的基础。设计师必须考虑服装的穿着舒适性、活动便捷性和耐用性，确保设计出的服装能够满足人们日常生活中的各种需求。实用性是服装设计的首要任务，它决定了服装是否能够得到消费者的认可和接受。经济原则在服装设计中也占据重要地位。设计师需要在保证质量和美观的前提下，尽可能降低生产成本，使设计作品更具市场竞争力。合理的材料选择和工艺处理是实现这一目标的关键，设计师需要在这方面进行深入研究和实践。此外，美观原则是服装设计的核心。设计师需要运用色彩、款式、面料等元素，创造出具有吸引力的视觉效果。美观性不仅体现了设计师的艺术修养和创意能力，也是吸引消费者购买的重要因素。TPWO原则是服装设计中不可忽视的方面。设计师需要根据不同的时间、地点、穿着者和场合，设计出适合的服装款式和风格，以满足不同消费者的需求。综上所述，实用原则、经济原则、美观原则和TPWO原则是服装设计的基本原则，它们共同构成设计师进行创作的指导框架。

1.2.1　实用原则

实用原则排在各项基本原则的第一位，说明了"实用"对服装的重要性。如果服装缺少了实用性这一要素，往往会被自然淘汰。纵观整个服装史的发展，可以看到这样一个规律，"有用发展，无用退化"，这正如达尔文所说的"物竞天择，适者生存"。所谓"适者"，表现在服装上就是具备实用性的服装。

服装必须符合穿衣者的需求，具有必要的功能性，能够反映穿衣者的身份、职业和文化内涵，还要体现民族感和时代感。

对于"实用"可以从两个方面来理解，从广义上可以理解为适用、有用、顺应等，即对环境的适应性、对人体的适宜。环境包括自然环境以及社会环境。从狭义上可以将"实用"理解为服装的各种机能表现，包括款式合体、材料适宜、色彩美观等（图1-5）。

服装的实用原则需要根据人类的需求来决定，没有一成不变的需求，也没有一成不变的实用性。所以，设计师在进行服装设计时，需要根据人类不同的实用需求进行相关的服装设计。

图1-5　体现服装设计实用原则的职业装设计

1.2.2　经济原则

经济原则作为服装设计基本原则中的第二原则，是实现服装价值的手段，是服装经营的根本，也是推动服装发展的第一动力。对于服装设计来说，经济原则主要有三个层面：衣料性能、加工工艺和市场价位。其中市场价位层面的营销策划属于生产管理方面，关乎着服装产品的档次定位。所以在服装学和服装设计中，经济原则的两大重点是：衣料优选和工艺发挥。

设计师在进行服装设计时需要充分考虑面辅料的成本、面料耐损度、大生产时的效率以及生产管理的难易程度等。人们是先功利而后审美的，一件服装只有符合了实用原则，人们才会进一步考虑其是否符合经济原则。

1.2.3　美观原则

美观原则是指服装具有装饰和美化穿衣者的作用（图1-6）。服装从诞生之日起，就与美结下了不解之缘。服装设计师对于服装之美各有见解，而美是什么？这个问题至今

图1-6　体现服装设计美观原则的服装

悬而未决，西方美学先驱、古希腊哲学家苏格拉底曾说："美是难的。"在此后的2500年里，无数美学家对此争论不休。

　　爱美之心，人皆有之。不同年龄、性别、职业、文化程度的人对美皆有不同的看法。从服装设计的角度来说，衡量和评判美与不美，可分为三项标准。第一，实用标准，美的服装一定是有用、可穿着的或其款式是曾经可穿着的。第二，工艺标准，美观的服装一定要发挥面料和工艺的优势。第三，形式标准。美观的服装在廓形、构成、色彩搭配等方面一定是要求较高且精益求精的。服装设计要注意形式美法则的安排，整体和谐有序。以上三点是美观原则缺一不可的组成部分。这就需要设计师具有一定的审美能力以及设计水平，再结合服装色彩、款式、面料等元素的应用，创造出具有美感的服装。

1.2.4　TPWO原则

　　TPWO原则是国际公认的衣着标准。TPWO是英文time、place、who、object的首字母缩写，意思是时间、地点、谁穿着、目标，即着装应该与时间、所处的地点等相匹配，是着装恰当性的表现。遵循TPWO原则，会使人穿着打扮合于礼仪规范，显得有风范、有教养。

（1）T原则

T原则即时间原则，包括两种情况：一种是时令季节的区分，即春夏秋冬；另一种是具体的时间，如白天、晚上。在欧美有按照时间来换衣服的传统习惯，如晨礼服、午后礼服、晚礼服（图1-7）等。虽然现在这些传统观念已经越来越淡薄，但是在一些正式的场合，作为一种有教养的表现还是被人们所遵循。服装应顺应时代发展的主流和节奏，不可太超前或太滞后，穿着打扮还应该考虑季节气候的变化，夏季的服装宜宽松凉爽，冬季的服装应保暖舒适，春秋两季的衣服宜具备防风功能，服装还需根据早中晚的气温变化来调整。

（2）P原则

P原则即地点原则。服装要与着装者所处的场所、地点、环境相适应。如我国南北方的气候和风土人情不同，社会环境也不同，在寒冷的地方自然要穿得厚实一些，在温暖的地方需穿得轻薄一些；在工作场所应该穿轻松方便的职业装（图1-8），在

图1-7　晚礼服

图1-8　职业装

家里可以穿宽松舒适的家居服，在晚会上可以穿隆重花哨的礼服。在不同的地点穿合适的服装才不会显得突兀。

（3）W原则

W原则即谁穿着（什么人穿）原则（图1-9）。这里的人指的是具体的人，如张三、李四，是有血有肉有思想的人，由于每个人的生活态度、个性追求、文化修养、艺术审美、兴趣爱好、性格特长、职业范围、经济实力、身体素质等各方面不一样，对服装的要求就不一样。在进行服装设计之前，设计师要对穿着者的各项因素进行分析、归类，才能使设计有针对性和定位性。要充分了解着装者，进行有针对性的设计，因此具体的人是在进行服装设计时不可忽视的一个重要条件。

图1-9　不同的人穿着的服装

（4）O原则

O原则即目标原则。穿着服装的目的不同，对服装的要求自然也不一样，如正式场合需要穿得体面正式（图1-10），参与体育锻炼时需要穿宽松舒适的服装（图1-11）。

TPWO原则并不是僵化的，而是一种可变通、可广泛适用的建设性原则，这体现了TPWO原则的包容性。在借鉴和发展着装的TPWO原则的过程中，由于各国的民族传统、生活习惯、地理因素等不同，自然会融入许多新的观念，这种对原则的有益补充，使TPWO原则在更大的范围内扩展其外延，使其变得适合多元化的日常服装设计。

图1-10　适合正式场合的穿着

图1-11　适合体育锻炼的服装

任务1.3　服装设计的形式美法则

服装设计中没有固定的搭配模式，对于美与丑的评判多数人具有一定的共识，而形式美是人们创造美所遵循的一种法则，是人们对生活中的美进行分析、拆解、结合等的形式化总结。形式美贯穿生活中的各个方面，如建筑、绘画、影视、雕塑、设计等。作为服装设计师需要深入学习和掌握服装设计形式美这种艺术形式以及设计原理，它是人们创造美的艺术依据。服装设计中需要用到的形式美法则主要包括：变化与统一、对称与均衡、节奏与韵律、比例、视错、强调以及仿生造型等。

1.3.1　变化与统一

变化与统一是形式美法则的重要组成之一，它不仅是服装

符合变化
原则的服装

符合统一
原则的服装

设计最基本的法则，也是所有设计艺术通用的法则。

　　变化是指将相异的单元构成元素排列组合到一起，形成明显的对比与差异的感觉。变化是多样的、灵活具有动感的，在设计上是要让差异与变化通过相互作用达到整体关系的协调，使对比从属于有秩序的关系之中从而形成统一（图1-12）。

图1-12　变化的服装

　　统一也称一致，与调和的意义相似。设计服装时，往往以调和为手段，达到统一的目的。良好的设计中，服装的部分与部分间、部分与整体间的各要素——面料、色彩、线条等的安排，应有一致性。如果这些要素的变化太多，则破坏了一致的效果。

　　统一与变化两者是密不可分的。在进行服装设计时既要考虑服装的款式造型、面料肌理图案的变化，又要避免各部分构成元素的凌乱排放、缺乏统一的秩序。在追求秩序美的同时也要防止各个元素缺乏变化导致的呆板，在变化的节奏中追求统一，在统一的秩序中追求变化。

　　服装的统一表现在以下两个大的方面。一方面是服装本身的统一性，体现在服装整体与局部式样的统一，服装装饰工艺的统一，服装配件的统一，服装色彩的统一（图1-13），服装材料的统一，服装制作工艺的统一。另一方面是服装与穿着者及环境的统一性，体现在服装与穿着者的统一和服装与环境的统一。

图1-13 色彩统一的服装

与此同时，在进行服装设计时不宜过度统一，以免造成生硬刻板之感。在统一的基础上也要注意变化，统一与变化并不是对立的，而是相辅相成的。合理运用变化可以使服装设计显得更加有创意感和活泼感。

1.3.2 对称与均衡

（1）对称

对称又称对等，指设计物中相同或相似的形式要素之间通过建立组合关系所形成的绝对平衡。对称表现出的效果是服装各个部位的空间布局和谐，即每个部分都相对应。服装以某个中心点（如人体垂直中心线）为基准，左右两侧在形状、大小、排列等方面一一对应，呈现出镜像的效果，就是采用左右对称的设计。左右对称是有规则的、庄重的、严肃的、权威的、神圣的美。在服装设计中，礼服多采用对称的设计，以适合庄重的气氛，中山装的服装结构也是左右对称的。

在服装设计中采用较多的对称有左右对称、回转对称、局部对称等，对称运用在服装设计中能够给人以庄严、肃穆、和谐的感觉（图1-14）。

图1-14　符合对称原则的服装

（2）均衡

均衡也称平衡，是指在设计过程中，通过调整服装的多个元素，使服装在视觉上呈现出一种稳定、和谐、平衡的状态。均衡在力学上是指重量关系，但在设计中则是指感觉上的大小、轻重、明暗以及质感等的均衡状态。在服装设计中主要有两种均衡形式：对称均衡和不对称均衡。均衡在服装上表现出来的效果为安定、沉稳的高贵感或放松、愉悦的新鲜感。在服装设计中，有时虽然两种设计要素不对称，但在视觉上却不会给人以不和谐或不稳定的感觉。在服装平面轮廓中，要使整体的轻重感达到平衡效果，就必须按照力矩平衡原理设定一个平衡支点。由于人的身体是对称的，这个平衡支点大多选在中轴线上。比如门襟不对称的款式，门襟上的某一点常常被当作平衡支点。

对称与均衡是互为联系的两个方面，对称能够产生均衡感，而均衡又包括了对称的因素在内。对称与均衡虽是两个不同的概念，但是两者在形式美中具有同一性——稳定感（图1-15）。均衡的造型手法常用于童装设计、运动服设计和休闲服设计等，而对称的造型手法常用于标志服、工装、校服、礼仪服设计等。

图1-15 符合均衡原则的服装

1.3.3 节奏与韵律

符合节奏 符合韵律
原则的服装 原则的服装

（1）节奏

节奏本是用来描述音乐、舞蹈等时间性艺术现象的术语。在服装设计中，节奏主要指服装各要素之间恒定的间隔变化，可以是有规律的，也可以是无规律的，如反复、交替、渐变等。当间隔按照几何级数变化时，就产生了很强的节奏，变化过大就会缺乏统一，如图1-16中的线条比图1-17中的节奏感强。图1-18由于插入了异质的形态，所以节奏感被减弱了。图1-19则在原来的基础上加入了有长短变化的线条，表现出空间和时间三维的节奏感。

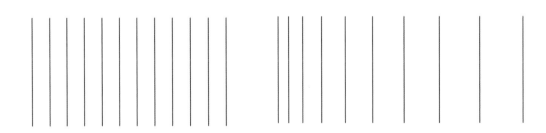

图1-16 统一的节奏与韵律　　　　　　　　　　　　图1-17 变化的节奏与韵律

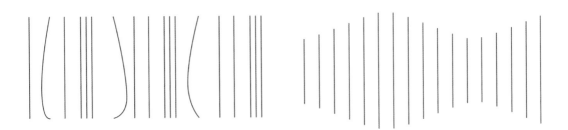

图1-18　加入异质形态的节奏与韵律　　　　图1-19　表现出三维的节奏与韵律

（2）韵律

　　韵律是在节奏基础上的律动变化，人的视线在随造型要素的变化而移动的过程中，感受到要素的动感与变化，就产生了韵律。高低起伏、抑扬顿挫、悠扬婉转等都体现出服装的美。通过对节奏与韵律的设计，可以使服装产生有规律、有秩序的美。如衣身的线条变化、色彩的搭配比例、装饰的比例分配等（图1-20）。

图1-20　符合韵律原则的服装

1.3.4　比例

符合比例
原则的服装

　　比例是体现各事物间长度与面积、局部与局部、局部与整体之间的数量比值。在艺术创作和审美活动中，比例实际上指的是各形式对象内部各要素之间的数量关系。服装创意设计中的比例就是指服装各部分尺寸或大小之间形成的对比关系。如上装与下装的尺寸各为40cm、120cm。那么上装与下装的比例就为40∶120即1∶3。在服装设计中，确保服装整体与部分、各类装饰、色彩、材质等元素之间的比例关系达到和谐，是至关重要的一环。这种比例关系的妥善处理，直接关乎服装整体的协调性与美观度，是影响服装设计成功与否的关键因素。

比例原则是指服装各部分间大小的分配合宜适当，例如口袋与衣身的大小关系、衣领宽窄等都应适当，是协调服装的整体与局部、局部与局部之间各要素的面积、长度、分量等的质与量的差别，以及平衡与协调关系的依据（图1-21）。

图1-21 符合比例原则的服装

关于比例关系取什么样的值为美，自古以来研究者得出的结论并不一样。大体可以分为三种情况：一是基础比例法；二是黄金分割比例法；三是百分比法。西方人提出的"黄金比例"（图1-22），又称"黄金定律"，是一种特殊的比例，即把一个整体一分为二，其中较大部分与整体的比值等于较小部分与较大部分的比值，该比值约为0.618。黄金比例对于服装设计具有很强的指导意义，但是在进行服装设

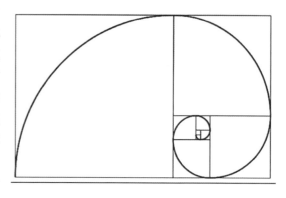

图1-22 黄金比例

计时不应拘泥于此，其他各种形式的比例均有其美学价值与意义，呈现出不同的美。服装设计师在进行比例的设计时，应结合实际，考虑服装的整体风格来进行设计。

1.3.5　视错

符合视错
原则的服装

视错是由于光的折射、反射，或是由于人观看物体的视角、方向、距离的不同，以及个人感受能力的差异，造成人们视觉判断上的错误，这种现象称为视错。常见的视错包括尺度视错、形状视错、反转视错、色彩视错等。正确理解各种视错现象，有利于设计师在服装设计中创造出更为理想的作品。

服装的视错主要有视错色彩和视错图形。

（1）视错色彩

色彩是物体的固有属性，由于物体自身会反射和吸收不同波长的光线，而光线在经过不同色彩的组合时会发生干涉与衍射，将本来的单色光变得生动。色彩对光线的处理方式能够影响人们对物体的初步印象，导致视觉印象与实际物体之间存在差异。合理利用色彩错觉效应，可以在设计中巧妙地掩盖缺陷、突出优点，从而达到修饰物体形态的目的。色彩的冷暖、明度、纯度在不同程度上给人前进感与后退感、膨胀感与收缩感（图1-23）。简单的颜色搭配如法国的国旗，其图案中蓝色、白色、红色的面积比为

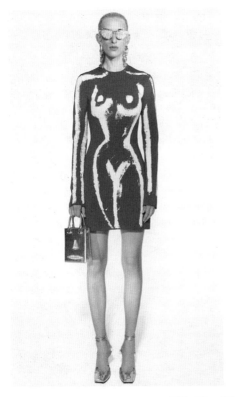

图1-23　视错色彩服装

35：33：37，并非等比，但给人的感觉是等比的。在服装设计中，色彩作为一种视觉语言，能够深刻影响人的心理感受，进而产生丰富多样的心理效应，并创造出别具一格的视觉效果。这种色彩的运用不仅赋予了服装独特的个性与情感表达，还使得观者在视觉上获得独特而深刻的体验。

（2）视错图形

视错图形是指通过特定的图形设计或排列方式，使人在视觉上产生与实际不符的视觉效果的图形。在服装设计中，这些图形可以被巧妙地运用在面料、图案、装饰等各个方面，以达到美化服装、修饰身形、增强视觉冲击力的目的。例如，两条等长且平行的直线放入不同的场景中给人长度不同的感觉。这是由于视神经在把视觉图像传输到大脑的过程中，图像在人眼中形成视觉残像，干扰人们对图案的正确判断，形成视错现象（图1-24）。

（a）缪勒·莱尔错觉　　　　　　（b）潘佐错觉　　　　　　（c）垂水平错觉

图1-24　等长直线的视错效果

将这种视错图形运用在服装设计中，可以弥补或修补人体的缺陷。例如，服装设计中利用条纹图案的间距变化使人体某些部位产生外凸或内凹感。相同款式的衣服，使用深色面料往往要比浅色的使着装者显得苗条；竖条结构线图案可使着装者显得苗条；腰带位置的上下移动也能使人的身高看起来发生相应的变化。这是因为线的方向会影响人们对空间的感知，水平线使人感到左右方向的伸展力，垂直线和斜线分别使人感到上下和斜上斜下的伸展力。如图1-25中斜向的条纹就比图1-26中的横向条纹更加显瘦。现代波普艺术在服装设计领域的成功应用，便是一个生动的例证，充分展示了视错原则及独特图形设计如何赋予服装作品新颖的视觉魅

图1-25　斜向条纹的服装

力和深刻的艺术内涵。巧妙地融合波普艺术的元素，如鲜明的色彩对比、重复的图案排列以及具有象征意义的图像等，设计师不仅能够创造出令人瞩目的视觉效果，还能让服装成为传递文化和时尚理念的载体。

1.3.6　强调

符合强调原则的服装

　　强调是设计师有意识地使用某种设计手法来加强某个部位的视觉效果，从而烘托主体，引导人们的视线，使得服装更有层次感，有助于展现人体以及设计的优势。对服装的强调，也是根据服装整体构思进行的艺术性设计。重点强调的部位有领、肩、胸、腰等，也可根据设计需要进行有目的的强调。强调的手法有四种，分别为强调色彩、强调结构、强调材质以及强调装饰，它们各自在创造独特视觉效果和表达设计理念方面发挥着关键作用。

（1）强调色彩

　　在设计中，通过对同一件衣服的不同部位、一套衣服的不同组成部分、系列服装不同单件之间的颜色进行强调设计，可使整体和谐而富于变化（图1-27）。

（2）强调结构

　　服装结构的风格、特点、合理性等会影响服装的美观程度及舒适程度，还会对服装的加工和制作产生影响。强调服装结构可以通过强调服装的衣领、门襟、袖子、腰

图1-26　横向条纹的服装

图1-27　强调色彩的服装

节、省道等来改变服装的整体风格，产生强烈的视觉效果（图1-28）。

（3）强调材质

恰当的材质往往能提升服装的等级与品位。材质的合理运用能够使服装更加具有肌理感，许多设计师往往会进行面料再造，使服装材质更加丰富（图1-29）。

（4）强调装饰

强调装饰是利用刺绣、花边、盘扣、袖祥、肩祥、打褶、折叠、印花、手绘图案等工艺手段，来强调服装的整体美感。强调装饰应形成一个强调中心（视觉焦点），忌构造多个中心而使焦点分散（图1-30）。

图1-28 强调结构的服装

图1-29 强调材质的服装

图1-30　强调装饰的服装

1.3.7　仿生造型

　　服装仿生造型设计主要是模仿生物的外部形状，以大自然中的生物为灵感，设计出款式新颖的服装。设计服装时可以模仿生物的某一部分，也可以模仿生物的全部外形，如生活中常见的燕尾服、燕子领、蝴蝶领、青果领等（图1-31）。

图1-31　仿生领型

近年来，随着科技的发展，仿生造型被不断运用，数字化也赋予仿生设计新的生命力。仿生设计更多体现快节奏的生活和消费者对自然个性化产品的追求。利用仿生自然的创新合成材质和3D建模工艺，可创造出兼具功能性和实用性的服装产品。

如图1-32所示，从印刷图案到3D打印技术，一片片"树叶"的脉络清晰可见，这种3D打印技术可以让设计师捕捉到创意视觉的细微差别。如何将3D打印技术和现代纺织材料更好地融合在创意服装设计中，需要设计师不断地探索。

图1-32　某品牌使用3D打印技术制作的仿生树叶造型

任务1.4　服装设计的程序与表达

服装设计的程序是服装设计的系统性流程。设计师从市场调研开始，了解时尚趋势和消费者需求，确定设计方向。随后，通过灵感收集与整理，形成初步的设计构思。接下来是设计方案的细化，包括款式设计、面料选择、色彩搭配等，这些都需要设计师精心策划和挑选。最后，制作样品并调整优化，确保设计作品的完美呈现。

表达是服装设计中的艺术呈现手段。设计师通过手绘草图、制作效果图和款式图等方式，将创意构思具象化。手绘草图能够迅速捕捉灵感，展现设计的初步形态；效果图能更加精细地呈现设计效果，包括色彩、面料和细节等；款式图则用于指导打板和制作，确保设计作品的准确实现。

服装设计的程序与表达是设计师将创意转化为具体作品的重要步骤，它们共同构成服装设计作品从构思到呈现的全过程。

1.4.1　服装设计的程序

服装设计程序是指从信息收集与整理、构思、设计到裁剪、样衣制作这一过程。

1.4.1.1　信息收集与整理

信息收集是收集整合现有信息和资料的过程，是设计前期准备阶段必不可少的环节，对流行趋势的把握、灵感的提取、设计风格的定位有着重要的指导作用。

流行与时尚是服装必须具备的特征之一，这就要求设计师除了确立具有个性的设计风格外，还要关注时下的流行趋势。

设计师首先通过国内外的重大时装周、设计展览、专业期刊与杂志、时尚设计类网站等重要渠道获取有关流行趋势的资讯信息，同时要关注人群中现实存在的时尚，从中获得接近消费者的流行信息。然后将所有收集到的信息资料分析整合成可能对下一步设计有用的模块材料，如灵感来源模块、风格模块、款式模块、色彩模式等。

灵感的寻找与确定（图1-33）是设计的灵魂，它统领设计方向，启发设计师思考，

图1-33　灵感的寻找与确定

确保设计思想的原创性，尤其对于独立设计师以及原创品牌有着至关重要的作用。

灵感的源泉广泛而多元，不仅局限于服装领域的图片资料，更可以源自日常生活中的各种物品、宏伟壮观的建筑以及引人入胜的风景等非服装内容的视觉刺激。此外，设计师内心深处那些难以直接以服装形态言说的感受与思绪，同样能够成为激发创意的灵感之源。这些非具象化的灵感往往通过文字、绘画、音乐或其他艺术形式先行表达，最终巧妙融入服装设计之中，赋予作品独特的灵魂与情感。

服装设计方向的确立，是对流行趋势的敏锐捕捉、灵感来源的深刻解读与设计师个人独特设计哲学的巧妙融合。这一过程不仅要求紧跟时尚潮流，还需深入挖掘灵感并将其转化为服装语言，最终呈现出一个系列作品中统一而鲜明的风格特色，让每一件作品都成为设计师情感与理念的具象表达。

服装设计方向的确立可以依据以下六大要素，简称5W1P。5W即对象（who）、时间（when）、地点（where）、目的（why）、设计的内容（what），P即价格（price）。

（1）对象（who）

服装的美依赖于人的存在，由人的穿着来体现。俗话说"量体裁衣"，其中"体"就其广义而言，包含穿着者的年龄、性别、职业、爱好、体型、个性、肤色、发色、审美情趣、生活方式、流行观念等因素。不同的"体"就需要用有不同美感的服装来表现，不能不分对象千人一面。因此，成功的服装设计必须能充分体现出穿着者的内在美和外在美。

（2）时间（when）

服装是时令性很强的商品，服装设计作品应具备不同季节、不同气候、不同时间段的不同款型特征。服装款式往往随着时间的变化而改变，春夏装、秋冬装的不同称谓正说明了服装的时间特性。

我们把正在流行的服装称为"时装"。时装不同于服装，时装包含时间、周期等因素，当下流行的时装，不久之后就可能成为过时的服装，像曾经流行的哥特、巴洛克、洛可可等复古题材的服装，也是在被注入了现代人的观念和设计语汇的前提下，才得以风靡一时。因此，时间被视为时装的灵魂。

（3）地点（where）

服装和地点的关系很大，不同地点需要有不同款式的服装相适应，诸如国内和国外、北方和南方、室内和户外、热带地区和温带地区、都市和乡下、办公室和居家等。此外，不同的场合环境也需要变换着装，诸如出席会议、参加庆典、应聘工作、参加婚礼等比较正式的场合，在穿着上与日常生活着装应有明显差异。

（4）目的（why）

服装的穿着自古以来就具有目的性，这一点可以从远古时代人们穿着衣物以实现保护自己、吸引伴侣、体现性别差异、装饰美化等不同目的论说中得以证明。

现代的服装设计更强调服装的功能性，不同服装能实现不同的穿着目的。工作服要实现安全、舒适的功能；运动服适应锻炼身体之用；西装革履是正式场合的理想穿着……有的办公室里醒目地张贴着"穿着时髦勿入"的字样，旨在提醒员工既然来上班，切莫花枝招展。因此，在设计服装时，首先要明确穿着这套服装的目的是什么，穿着者的社会角色是什么。

（5）设计的内容（what）

设计的内容包括款式、色彩、结构、面料、图案、细节、搭配等。既要有流行的观念，也包含风格的把握、形式的追求等审美上的感觉；既有整体造型设计，又有细节处理。它是设计师设计思想、流行观念、市场意识的综合表现。

（6）价格（price）

服装设计有别于纯艺术，它是以市场和消费者的认可来体现其价值的。好的设计应做到用最低的成本创造出最佳的审美效果，设计师应在设计中尽可能减少不必要、不合理的装饰细节，工艺上也应避免琐碎和繁杂，控制好成本，以求实用和美观的完美结合，使产品具有较强的市场竞争力。

此外，设计时还应考虑材料、加工、运输、广告宣传、公关、模特等费用。

1.4.1.2　构思

构思是对设计的总体把握，将收集到的信息进行整理之后结合有用的时尚流行信息明确设计的方向，构思出廓形、款式、色彩、面料、工艺等（图1-34～图1-36）。

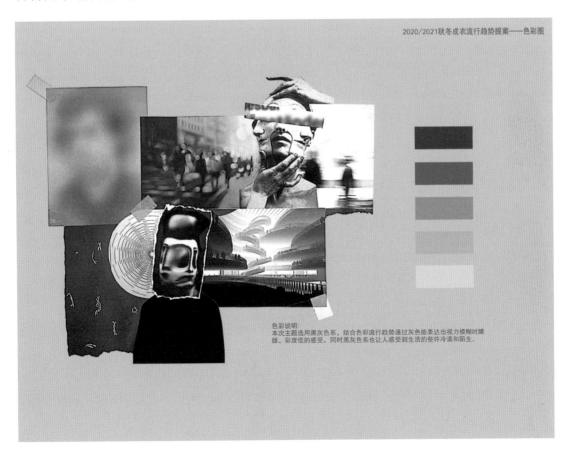

图1-34　以隐形为设计主题的色彩版

图1-35　以隐形为设计主题的面料版

图1-36　以隐形为设计主题的款式版

构思阶段往往通过草图的勾勒将脑海中设计的款式迅速记录下来，经过一段时间的收集得到最初的想法，然后将这些最初的想法进行设计拓展，不断修改调整，从最初的想法中延伸出新的想法、概念，这一阶段最先考虑到的是廓形设计。若对构思中的概念效果感到满意，设计师会巧妙地运用轮廓的勾勒与形状的塑造来精准展现服装的比例与风格特色，从而形成设计草图。利用草图对款式、色彩、细节、面料等不断进行修改，得到更加具体的款式。最后将所有草图集中摆放，从众多草图中挑选出最为满意的设计，进行设计表达。

1.4.1.3　设计表达

设计师表达设计构思有以下两种方法：效果图和立体裁剪。

（1）效果图

效果图是设计师普遍采用的一种表现方法，一张纸、一支笔，就能表达设计构思，简便易行且高效。随着计算机设计软件（如Photoshop、Illustrator、Coreldraw、Painter等）和服装CAD技术的不断推广和应用，在计算机上进行款式造型设计也成为一种辅助手段，不用笔和纸就能设计许多款式（图1-37）。

图1-37　计算机软件绘制服装效果图

（2）立体裁剪

立体裁剪主要用于一些造型较为特别，尤其是高级礼服的设计。在构思立体造型设计时，采用平面裁剪往往会受到结构形式表达的限制，不能比较精确地表达设计师的意图，所以必须采用立体裁剪，先用坯布做出布样，然后在布料上成型（图1-38）。立体裁剪的优点是真实感、造型感强烈，能表现出独具匠心的款式造型。

1.4.1.4　裁剪

裁剪包括对设计构思进行结构处理和对所用面料进行裁剪这两个部分。负责结构纸样的结构设计师俗称样板师，忠于设计构思原意，准确打出纸样是其职责。为了能准确反映服装设计师的原意，样板师必须与服装设计师充分沟通，同时还必须对完成设计构想的样衣制作进行指导。

1.4.1.5　样衣制作

样衣制作也是服装设计中极为重要的一环，能使构思更趋于合理，从中发现不合理的地方，并及时解决。制作样衣所用面料分白坯布和实际面料。如果制作面料成本较高、制作工艺有难度的服装，可先使用白坯布制作样衣，待白坯布样衣成型后再制成实际样衣，这样能使样衣的制作更精确（图1-39）。

图1-38　立体裁剪

抽绳外露

通过抽绳改变廓形，打造局部收缩廓形，增强体积感，展示与整体的对比性。色彩上采用撞色抽绳装饰服装线条，使棉服更加具有时尚感，增强服装趣味性。

> **反光字母元素**
>
> 具有强烈的反光效果，黑暗或低光状态下，可突出强烈的未来感。同时在夜里起到警示作用。
>
> **撞色拼接设计**
>
> 突破传统色彩，抛弃素色设计，撞色组合拼接简洁时尚，以不同色彩组合打造出休闲而大气的单品设计，简洁中体现街头感。
>
> **科技光感面料**
>
> 使服装更具现代感和未来感，为年轻市场注入活力。

图1-39　样衣制作

1.4.2　服装设计的表达

服装设计师对所构思的设计作品形成基本概念之后就需要把构思及创作灵感用一定的形式表现出来，通常使用时装画或实际材料来表达服装的创意和构思。用实际材料直接在人体模型或人体上表现的方式，称之为立体裁剪。此处讲述的服装设计表达主要指以时装画为主的平面表达形式。时装画是以服装为载体的艺术表现形式，是运用绘画艺术手法对服装和人穿着服装的美感的具体表现。服装设计是一个综合性过程，从收集资料、设计构思、指导生产到产品的宣传推广，每一步都离不开有效的设计表达形式。因此，时装画在服装设计进程中扮演着至关重要的角色，是不可或缺的一个重要环节，也是服装信息交流的一种有效媒介，起到有效沟通和传达设计理念的作用。绘制时装画是成为一名合格的服装设计师应具备的技能之一。时装画突出的特点是审美上的直观性和时尚性，它可以将设计构思简单快捷地记录下来，也可以像其他绘画一样具有多种表现形式和多种风格。时装画可以通过时装草图、时装效果图、时装款式图以及时装插画等形式完成。它们的作用各异，表现技法和侧重点也各不相同。

1.4.2.1　时装人体绘画

服装设计也是对人体着装形态的一种设计。人体作为贯穿整个设计过程的主体，无疑是服装设计学习过程中非常重要的因素，所以学习服装画不仅要了解人体的构造，还要进一步了解人体的审美特征和各部分形态的艺术表现手法。

（1）人体的基本结构

人体由头部、躯干、上肢和下肢四大部分构成，骨骼是人体的基础，人体骨架由206块骨骼组成。骨骼与骨骼之间通过关节和肌肉连接，从而达到自由活动的目的。骨骼上附着不同形状的肌肉，呈现出人体自然的外部形态，关节是人体能够活动的基础。

（2）服装人体比例

我们将头长作为确定人体比例的基准，以8头半身人体比例为例，是指人水平站立时，以头长为单位将人体身高设定为8个半头长。因为8头半身人体比例最接近实际比例，且具有艺术效果，所以是服装人体绘画中最常选用的比例（图1-40）。

图1-40　服装用人体比例

服装画中的人体比实际人体比例一般多出一至两个头长，在服装插画中甚至将人体比例夸张到多出三至四个头长。从整体上看，人体的夸张部位主要体现在四肢上，特别是腿部比例的加长，而躯干部分因为受到服装造型的限制，所以不便过分夸张。在女性人体的部位中，以颈、胸、腰、臀的曲线夸张作为重点，另外大腿、小臂、小腿的夸张比例应该相互协调；男性人体的夸张部位主要表现在肩膀和胸部的宽度、厚度，四肢的长度和整体肌肉的发达程度等。

（3）服装人体姿态

人体姿态的形成主要是由躯干部分的肩膀和骨盆倾斜变化决定的。当人体的重心从一侧移向另一侧时，支撑人体重量的一侧髋部抬起，骨盆向不承受重量的一侧倾斜，肩膀则向身体承受重量的一侧放松，肩线和髋线出现了倾斜。简而言之，肩线和髋线不同角度的变化形成了各种人体姿态。在绘制人体姿态时，关键是要掌握"一点四线"，一点即锁骨窝点，四线即重心线、中心线、肩线和髋线。从锁骨窝点可以分别引出重心线和中心线，过锁骨窝点垂直于地面的线是人体的重心线，重心线可以确定人体的重心，明确下肢的位置，一般情况下，承受重量的脚应画在重心线上。当人体向一侧倾斜时，手臂和腿就会向另一方向伸展，从而达到平衡的状态。另外，从锁骨窝点过肚脐至两腿中部的连线是人体的中心线，中心线可以理解成人体躯干的动态线，它对于塑造人体的动态和立体效果有很大的帮助。肩线和髋线不同的倾斜角度决定了人体的姿态。一般情况下，肩线的倾斜角度较小，接近于水平线，而髋线的倾斜幅度较大，从而产生一定的角度变化，角度越大，人体姿态越夸张。

1.4.2.2　时装绘画表现形式

（1）时装草图

时装绘画中的时装草图是一种表现时尚设计想法的快速而简洁的绘画形式。这种草图通常用于记录设计师的初步想法和概念，在设计和制作过程中提供参考和指导（图1-41）。

图1-41　时装草图

时装草图通常以简单的线条和形状表现出服装的基本结构和外观，包括款式、色彩、面料和配饰等元素。这种绘画形式注重表现设计师的创意和审美，以及对时尚元素的敏感性和理解。

时装草图是设计师在创作过程中对设计灵感的迅速捕捉，也是创作拓展和素材收集整理的主要工具。对构思的快速记录常常会为设计工作带来意想不到的作用。时装草图要求能够描绘出关键的设计元素，例如服装的廓形和重点结构，以及细节、图案等，在反复勾画草图过程中，可以尝试设计元素的不同组合方式，揣摩整体与局部、材料与细节等的比例关系。

（2）时装效果图

时装效果图是一种用以表达时装设计意图的准确而快捷的绘画形式。它应用于服装的设计环节中，是服装设计从构思到成衣作品完成过程中不可缺少的重要组成部分。时装效果图是围绕服装进行的描述性绘画，绘画时通常将注意力放在对服装款式、色彩、材质和工艺结构的表达上，着重强调服装与人体、服装与服装、设计细节与整体之间的关系。

（3）服装款式图

服装款式图又称服装平面结构图或服装工艺图，是指单纯的服装平面展开图，以清晰地描绘服装款式、结构、工艺细节为目的的绘画表达形式（图1-42）。款式图适合工

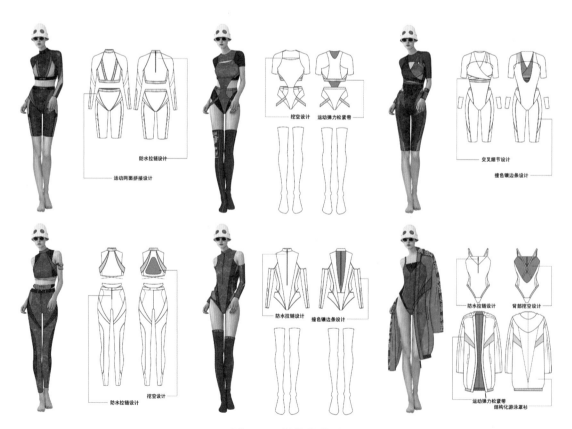

图1-42　服装款式图

业化生产的需要，可以作为服装生产的科学依据而独立存在，也可以作为对时装画的辅助和补充说明。时装画表现服装的整体搭配和设计师的风格与个人表现力，而款式图则按正常的人体比例关系对服装进行说明，清晰地展示时装画中容易被忽略的细节。样板师往往按照款式图来进行纸样制作的。

（4）时装插画

时装插画是时尚艺术的一种平面美术创作形式，多出现在时装杂志、海报和广告中。当代的时装插画没有固定的法则和约束，也没有明确的绘制方式和流行风格，时装插画师可以对任何一位设计师的作品进行绘画创作，它表现的重点不在于还原设计，而在于捕捉设计的神韵。时装插画不一定要完整地展现服装，主要用来表达一种情绪或特定的氛围，表现服装设计的灵魂、个性乃至思想内涵，因此画面上除了人物和服装外，通常对主体所处的背景和环境也会有所交代。与时装效果图相比，时装插画往往更富有艺术表现力。

1.4.2.3　时装绘画表现风格

时装绘画表现风格有多种，以下列举几种常见的表现风格。

① 写实风格。这种风格注重表现服装本身的面料质感和细节，追求逼真的时装效果。设计师需要掌握一定的服装工艺知识并具有较强的手绘能力。

② 写意风格。这种风格抓住时装设计构思的主题，将设计图按形式美法则进行适当的变形和夸张等艺术处理。运用特别的绘画技法和材料将设计作品以装饰的形式表现出来，以突出画面视觉效果和情感艺术氛围。

③ 简洁风格。这种风格追求简约、纯粹和明晰，强调用最少的元素和笔触来传达设计理念和美感，去除冗余和复杂的装饰，使画面呈现出一种清新、明快、直接的视觉效果。

④ 印象派风格。这种风格注重表现光与色以及明暗对比，强调在服装设计中运用印象派的绘画技法，如点彩、重叠等，创造出独特的视觉效果。

⑤ 未来主义风格。这种风格强调未来感和科技感，通常运用抽象的几何形状和线条来表现服装的设计理念和未来趋势。

⑥ 波普艺术风格。这种风格注重运用夸张、明亮、对比强烈的色彩和图案来表现时尚感，常常借鉴流行文化元素（如明星、品牌标志等）来创作具有独特个性和视觉冲击力的作品。

总之，时装绘画表现风格多种多样，每种风格都有其独特的魅力和特点，设计师可以根据自己的创意和审美选择适合自己的表现风格来创作时装画作品。

1.4.2.4　时装绘画表现技法

（1）手绘技法

① 线条表现。通过使用不同种类的笔（如毛笔、水笔、铅笔等）和纸张（如水彩纸、素描纸等）可以创作出具有不同纹理和质感的线条。通过线条描绘可以表现出服装的轮廓、结构、纹理和细节。

② 色彩表现。使用不同的颜色和色彩组合，可以表现出服装的色彩和明暗效果。通

过调整色彩的纯度、明度和对比度，可以表现出服装的不同面料和质感（图1-43）。

图1-43　色彩表现技法

③ 光影表现。通过阴影和反光的描绘来表现服装的立体感、层次感和质感。

（2）计算机技法

① 矢量绘图。使用矢量绘图软件（如Adobe Illustrator）可以绘制无限放大而不失真的矢量图形。这类软件可以用于绘制服装设计中的图案、细节和排版等。

② 图像处理。使用图像处理软件（如Adobe Photoshop），可以对已有的图像进行编辑、调整和合成。在时装设计中，可以使用这种软件来处理模特的肖像、合成场景背景等（图1-44）。

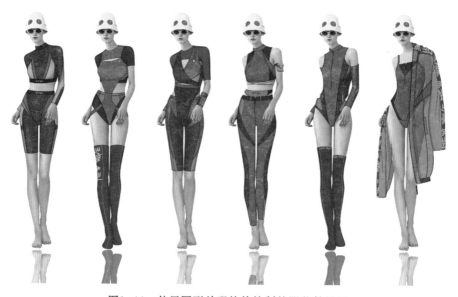

图1-44　使用图形处理软件绘制的服装效果图

③ 3D建模。使用3D建模软件（如CLO3D、Style3D、Maya等），可以创建具有立体感的服装模型。这种软件可以用于制作时装秀的展示服装、电影中的角色服装等（图1-45）。

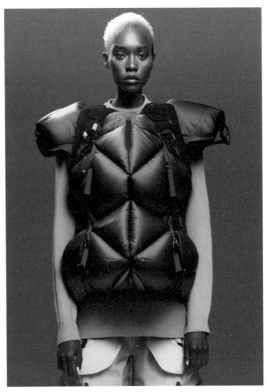

图1-45 3D建模软件绘制的服装

在时装绘画中，手绘技法和计算机技法并不是互相排斥的，而是可以相互结合使用的。将手绘技法和计算机技法的优势结合，可以创作出具有独特魅力和个性的时装绘画作品。

任务1.5 服装设计师的专业素养

服装设计涉及自然科学和社会科学，需要运用数学、物理学、化学、生理学、心理学、美学、材料学、人体工学，以及经济、管理、市场销售等方面的知识。因而在具体工作中，服装设计师常常要与有关的工程师、工艺师、管理人员、供销人员通力合作，发挥集体的力量，才能圆满地完成全部任务。同时，作为设计师本人，也应具备以下六个方面的专业素养。

1.5.1   丰富的生活、生产经验

直接或间接的生活经验是设计师进行创作的源泉，也是设计师创作能力形成和发展的基础。设计师应使服装具有较高的使用价值。然而，不同地区的人，因为地理环境、气候条件、生活习俗、劳动方式以及经济收入的不同，对服装的使用要求也有所不同。设计师只有深入生活，才能了解不同地区人们的不同要求，设计出适销对路的产品。

设计师还要使服装产品具有较高的审美价值。生活中蕴藏着丰富的美，设计师只有深入生活，才能从生活中捕捉到社会的美、自然的美、艺术的美，再将从生活中得到的美的情感、美的造型、美的色彩融入设计作品中。

为了使设计符合工厂的生产条件，设计师应积极参加生产实践，了解并熟悉服装生产的每个环节。设计师生活、生产经验的广度和深度，从根本上决定了其设计作品的价值。

1.5.2   必要的人体知识

服装设计是以满足人的生理需要和心理需要为最终目的的设计。符合人体结构、方便人体活动是服装设计的前提条件。因此，为了获得成功的设计，设计师必须具有与设计有着直接关系的人体方面的知识，要充分认识人体活动规律及人与周围环境的关系。

1.5.3   熟练的基本技能

在自己的构思还未成熟之前，或者在自己的设计还未变成产品之前，为了便于思考，便于向别人介绍自己设计的作品，设计师需要用一种形象的、直观的形式将自己的设计意图表达出来，这种形式就是绘画和制图。用绘画的形式表达设计师对服装款式、色彩、材料、图案以及穿着效果的设想。用几何制图的形式表达设计师对服装内部结构的设想，这两种形式常常配合使用，相辅相成。设计师要掌握这两种表现形式并了解它们之间的相互关系，使它们成为一个有机的整体。

服装设计要为成衣制作创造条件。服装的制作包含许多工艺手段，如平缝、拼接、滚边、缉褶、刺绣、熨烫等。熟悉并掌握服装的各种缝制工艺，有利于开拓设计师的思路，同时，使自己的设计更符合生产实际。服装的缝制过程，又是一个补充、纠正、实现设计构思的过程。服装是立体的、动态的，服装的实际穿着效果绝不同于图纸上平面的、静止的绘画效果。为了进一步完善设计意图，设计师应能自己动手制作，在制作过程中不断调整并充实设计。

随着科学技术的发展，先进的计算机辅助设计手段已进入服装的设计、生产、营销等各个领域，大大提高了变化款式、放码、排料、试衣等环节的工作效率。会使用计算

机辅助设计工具是现代服装设计师的必备技能之一。

1.5.4　明确的经济观念

现代社会，服装是服务于市场并用来获取利润的商品。因此，除创意服装设计外，现代服装设计必然要受到经济规律的制约，受到消费者的制约。设计师不能单凭个人灵感和兴趣去创作，而应尊重流行趋势、市场需求以及消费者心理，运用生产单位所提供的条件以及新材料、新工艺，创作出合乎经济规律、受消费者欢迎的作品。那些忽视客观条件，不考虑市场需求，总是强调表现"自我"的设计师，随时面临被淘汰的风险。

1.5.5　良好的艺术素养

服装设计是技术与艺术的统一，设计师应具有良好的艺术素养。艺术素养包括艺术家从事艺术创作必须具备的各种艺术规律性知识，以及审美感受能力和艺术表现能力。各种艺术规律性知识是艺术家、文艺理论家从事艺术创作、研究艺术规律的经验总结，如艺术美的特性、内容和形式的关系、形式美的基本法则等。学习并探讨这些艺术理论，认识并把握艺术美的特征和创作规律，对服装设计有极重要的意义。

服装的设计与其他艺术一样，也有一个认识美、表现美的过程。设计师必须具备一定的审美能力和艺术表现能力。如果面对自然的美、艺术作品的美而无动于衷，就不可能产生表现它们的欲望，更谈不上将它们融入服装设计中去。发现美、感受美是重要的，但服装设计师仅停留在这个阶段还不够。设计师不仅是美的鉴赏者，更应该是美的创造者，应该有把美表现出来的能力，并且使表现出来的美受到他人的认可和欢迎。

各种艺术规律性知识需要在不断地学习和探索中积累，审美感受能力和艺术美的表现能力在创作实践中不断提高。同时，设计师还应当广泛地接触姊妹艺术，感受不同的艺术形态，提高对美的感受能力，并借鉴姊妹艺术的创作经验和创作手法，增强艺术表现能力。

1.5.6　优秀的创造能力

新的服装设计不是凭空产生的，服装具有明显的继承性。这种继承性既表现在服装发展的整个历史长河之中，也表现在各阶段服装流行的更替之中。随着社会经济的发展，消费者对服装各种功能和外观形式的要求都有日益提高的趋势，而各个服装厂提供的产品也使消费者有了更多的选择。因此，当前的服装市场竞争是十分激烈的，设计师必须具有优秀的创造能力，创造性地运用已有的知识和经验，利用现代科学技术提供的新材料、新工艺，使自己设计的服装具有合乎消费者需要，而别

的同类产品所没有的新功能。或者使服装的形式符合消费者新的审美追求，以具备
竞争的优势。

思考题

1. 简要分析服装设计的基本原则。
2. 服装设计的形式美法则具体包括哪些内容？
3. 服装设计的程序有哪些？其表达方式有哪几种？
4. 简要描述服装设计师的专业素养有哪些？

课后项目练习

1. 服装设计是指在正式生产或制作某种服装之前，根据一定的目的、要求
和条件，围绕这种服装进行的_____、_____、_____、_____、_____等一系
列工作的总和。
2. 服装设计的基本原则是指导设计师创作的重要准则，它确保了设计作品
既符合实际需求，又具备_____和_____。

》项目 2
服装的造型设计

教学内容 　服装外部廓形设计；服装内部廓形设计；服装细节设计。

知识目标 　理解服装造型设计的概念；掌握廓形设计的种类以及不同廓形所带来的视觉效果的区别；掌握服装细节设计的内容。

能力目标 　能够根据设计需求合理运用不同的服装廓形，合理运用服装细节丰富服装设计。

思政目标 　强调精准设计和定制服务，培养学生的专业技能和精益求精的工作态度。

造型是一切艺术设计的基础。造型具有双重含义:第一,作动词,它是创造物体形象的过程;第二,作名词,是创造物体形象的结果。因此,服装造型同时是创造服装形象的过程和结果。服装的造型设计是服装设计中至关重要的环节,它涉及服装的外观形状、结构、比例和线条等要素,旨在创造出既符合人体工学又具有美感的服装。

服装的造型要素也可以称为廓形要素,是服装设计中的重要条件。服装的款式要素可以分为服装外部廓形、服装内部轮廓、服装细节设计。外部廓形是指服装外形的轮廓,它像是逆光中服装的剪影效果,也被称为外轮廓、侧影、剪影,英文为"silhouette"或"line"。服装内部轮廓是指服装的内部造型,即外轮廓以内的零部件的边缘形状和内部结构的形状。服装细节设计是指对服装的局部造型设计,包括领、袖、口袋等部位的设计。这些细节不仅可以提升服装的整体品质和时尚感,还能增加服装的机能性和美观性。

任务2.1 服装外部廓形设计

廓形是区别和描述服装的重要特征,服装造型的总体印象是由服装的廓形决定的,服装的廓形还反映穿着者的个性、爱好等。

2.1.1 外部廓形的种类

服装的外轮廓进入视觉的速度和强度高于服装的内轮廓,它是服装款式设计的基础,也是服装设计的第一视觉要素。它可以表现整个着装姿态、服装造型以及所形成的风格和气氛,是进行服装设计时非常重要的表现要素,因为它是服装造型特征最简洁明了、最典型的记号性标识。在服装构成中,有限的服装廓形可以通过层次、厚度、转折以及与造型之间的关系等产生千变万化的服装款式。服装廓形也是时代风貌的一种体现,例如19世纪20年代,服装以H廓形为主,19世纪50年代以X廓形为主,服装流行款式演变最明显的特点就是廓形的变化。现代的设计师们开始从二维平面向三维立体的方向发展,着重于服装立体廓形的塑造。

根据不同外形特征,可将服装外部廓形分为以下几种。

(1) A形 (A-line)

A形廓形也称三角形廓形,该廓形的服装其肩部、臂部、胸部较为贴体,胸部以下逐渐向外扩张,形成上窄下宽的A字造型(图2-1)。A形服装具有活泼可爱、流动感强、青春活力等特点,适合设计年轻人的服装。该造型的服装多用于风衣外套、连衣裙、半

图2-1　A形廓形的服装

身裙等服装。A型廓形是1955年由法国服装设计师克里斯汀·迪奥（Christian Dior）首创并一直流行至今的服装廓形。

（2）X形（X-line）

X形廓形又称沙漏形，是具有强烈女性特征的廓形，X形服装在肩部设计上有一定的宽度，有助于强调和展现女性的肩部线条。腰部是X形服装的关键部分，通过收紧腰部，可以突出女性的身材曲线，强调女性的柔美和性感。

与收紧的腰部相对应，下摆部分自然展开，形成X形的外观轮廓。这种设计使得整体造型更加和谐，同时也为穿着者提供了更多的活动空间（图2-2）。

图2-2　X形廓形的服装

　　近代的很多服装设计大师利用X廓形开创了新风尚。例如，法国服装设计师克里斯汀·迪奥于1947年推出的女士服装款式——新风貌（new look），有着圆润平缓的肩线、纤细的束腰，用衬裙撑起来的宽大的裙摆长过小腿肚，整个外形十分优雅，女性味十足。X形廓形在淑女风格的服装中运用较多，许多晚礼服的设计也采用X形廓形，适合塑造出优雅、经典、古典的服装风格。

　　（3）T形（T-line）

　　T形廓形是一种具有独特特点的服装造型，主要特点体现在肩部夸张和下摆内收形成的上宽下窄的T形效果。具体来说，T形服装的造型特点是肩部设计较宽，而下摆则相对收紧，这种设计使得整体造型呈现出一种上宽下窄的视觉效果（图2-3）。

图2-3　T形廓形的服装

　　T形廓形使服装具有潇洒、大方和硬朗的风格，因此常常在男性服饰设计中出现。近年来，T形廓形也逐渐被女性服饰所采纳，在欧美地区尤为流行。在一些较为夸张的表演服和前卫风格的服装中，T形廓形也得到了广泛的应用。

　　在强调女权的20世纪80年代，这种廓形非常流行，"商务女性"的概念发展起来，为了增加双肩的宽度，还会带有厚实的垫肩，延伸的肩线和坚硬的肩角刻画出职业女性干练、精明的形象特点，给女性服装带来了一丝中性色彩。

（4）O形（O-line）

O形廓形是一种上下口都收紧、呈椭圆形的服装造型，肩部、腰部和下摆处没有明显的棱角，整体造型圆润饱满，给人一种丰满的感觉。特别是腰部的线条宽松，不收腰，形成了椭圆形的外观轮廓（图2-4）。O形服装的整个外形较为饱满、圆润，呈现活泼、生动有趣的风格，适合表现夸张、大气的服装，常用于设计日常服装中的外套、运动装、家居服，还可用于设计创意服装、舞台服装。

图2-4　O形廓形的服装

（5）H形（H-line）

H形廓形也称矩形、箱形、筒形或布袋形廓形，H形服装的造型特点是平肩、不收紧腰部和下摆，整体呈现直筒形状（图2-5）。H形服装的胸围、腰围及臀围的差别不大，这种直筒形的设计使其具有简洁、修长、随意、自由的特点，因而适合用于设计中性服装、休闲装、男装等。

图2-5　H形廓形的服装

　　20世纪20年代的女士日常服装多采用H形，新潮女郎的裙型是直线裁剪，曲线统统被抛弃，腰线逐渐下移到了腰部和臀部之间。不过当时的服装造型还没有以英文字母命名。1954年H形廓形由迪奥正式推出，1957年被法国时装设计大师巴伦夏加再次推出，被称为"布袋形"，60年代风靡一时，80年代初再度流行。

（6）S形（S-line）

　　S形廓形是一种非常凸显女性身材的服装造型，其特点是通过结构设计、面料特性等手段达到体现女性S形曲线美的目的（图2-6）。具体来说，S形服装廓形能够凸显女性丰满的胸部、平坦的腹部以及挺翘的臀部，从而展现出女性特有的浪漫、柔和、典雅和性感的魅力。

图2-6　S形廓形的服装

2.1.2　外部造型的种类

现代时装的造型变化丰富，创新性强，各种服装的外部造型可以简化为三种类型。

（1）直身形

直身形的服装以平肩为主，不强调服装的肩部、腰部及臀部等位置，使面料在人体上尽量自然下垂。直身形的款式以H形为代表。

（2）修身形

修身形服装以S形、X形为代表，收紧服装腰部，突出腰部、臀部或撑开下摆等，多用于强调女性特征，展现女性丰胸窄腰的婀娜身姿。

（3）大廓形

大廓形的服装以增大服装的外轮廓，扩大服装内部空间为特点。通过控制服装与人体之间的松量来控制服装大廓形的走向，该类型以O形、A形、T形为主。

直身形服装

修身形服装

大廓形服装

任务2.2 / 服装内部轮廓设计

服装内部轮廓设计也称服装的内部结构造型线设计，即外轮廓以内的零部件的边缘形状和内部结构的形状。例如，领子、口袋等零部件和衣片上的省道、褶裥、分割线等内部结构均属于内部轮廓元素的范畴。从理论上说，每套服装只能有一个外部廓形，但内部分割可有多种设计。服装设计师可以发挥无限的想象进行内部轮廓设计。服装的内部轮廓设计可以总结为以下几种形式。

（1）省道

平面的面料要运用在立体的人体上塑形，就要顺应人体结构，将多余的量通过服装的省道去除。被收掉的多余的量就是省道，其缝合起来形成的结构线则称为省道线。服装省道有塑形和合体的作用，如突出胸部、收紧腰部、扩大臀部，使服装能够充分塑造人体曲线或符合设计的外部造型（图2-7）。

（2）褶裥

褶是服装结构线的另一种形式，打褶是将布料折叠缝制成多种形态的线条状，给人以自然、飘逸的印象。褶提供一定的余量，便于活动，还可以弥补体型的不足，也可起装饰作用。褶在服装设计中运用广泛，如图2-8所示，即使用同样的打褶技法，打褶位置、方向，以及褶量不同，也会显示出不同的效果。

（3）分割线

服装上有些分割线没有直接塑造形体的作用，如图2-9中服装上的线条仅仅是在服装上进行分割，起到装饰作用。分割线的位置和形态都是为了更好地塑造服装的内部结构形态，所以线条可以是多变的，既可以是横向分割、垂直分割和斜向分割，也可以使用曲线与直线的交错，但无论什么样的形式，都需要遵循形式美的法则。

图2-7 通过省道收紧腰部

图2-8　服装上的褶裥

图2-9　服装上的分割线

任务2.3　服装细节设计

　　恰到好处的服装细节设计能够起到画龙点睛的作用，细节是精彩、生动的点缀，细节设计处理得好坏，直接关系到设计作品的成败。细节设计不是将服装之外的事物直接进行冗杂的堆积，而是将其与服装巧妙融合在一起。服装细节设计主要包括对服装的领型、袖型、袋型、门襟、下摆等部位的局部设计和对装饰细节的设计等。

2.3.1　领型

领型是服装整体造型中最重要的组成部分之一，它是连接头部和身体的视觉中心与衔接区域，领型在很大程度上能够表现服装的美感及外观质量。所以我们在设计时需要考虑领子在整体服装中的结构合理性。

在领型设计方面要遵循设计的基本原则，强调"整体统一，局部变化"来满足领子在造型上既要有变化，又要有艺术效果的设计需求。但领子的变化和风格不能脱离服装整体的设计风格，两者需保持协调的统一性。

在结构上，服装领型千变万化，有根据植物造型设计的，如青果领（图2-10）、荷叶领（图2-11）等；也有根据鸟类造型设计的，如燕子领等；还有根据建筑造型设计的，如长城领等。由此可以看出对于衣领的造型设计可以从各个方面捕捉灵感，最终设计出绚丽多姿的领型。

图2-10　青果领服装

图2-11　荷叶领服装

在细节上，可以通过多种工艺形式突出设计亮点，增加服装的整体视觉效果。如在服装的领部钉扣，除了具备功能作用外还能起到装饰的作用（图2-12）。扣饰的材质可

图2-12　领口纽扣装饰

根据服装风格进行选择，如金属扣饰明亮张扬、木质扣饰低调沉稳，颜色可选择与服装面料同色系的，也可进行撞色搭配。此外，采用提花工艺编织的虚假扣饰在视觉上也能起到装饰作用。领部的扣饰设计可以为服装增添精致感。

又如围巾领服装，将面料经过巧妙折叠和塑形，形成漂亮、新颖的廓形，为服装注入现代气息。还有更低调一些的设计，如在领部营造貌似围巾的"二合一"的视觉效果，就像是在衬衣的领子处围了一条围巾（图2-13）。

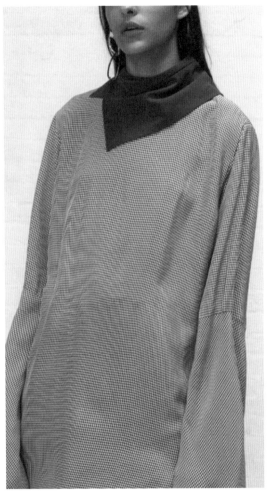

图2-13　围巾领服装

2.3.2　袖型

衣袖具有保护上肢及美化人体的功能，袖型与领型一样是服装整体设计的重要部分。衣袖的款式千变万化，根据结构分袖型有圆装袖、插肩袖、连袖、肩压袖等；根据袖片构成数量分有一片袖、二片袖和多片袖；根据袖子长度分有冒尖袖、长袖、中袖、短袖等；根据外形分有直筒袖、灯笼袖、蝙蝠袖、喇叭袖、花瓣袖、环浪袖等（图2-14）。

图2-14　不同袖型的服装（左：灯笼袖，右：蝙蝠袖）

　　袖子上也可以运用流苏元素，令其具有飘逸感，使得服装随性多变（图2-15）。需要注意的是，流苏在袖子上的呈现不宜过长，短而小的流苏更具有点缀性，更显精致。

图2-15　毛衫袖子上运用流苏元素

2.3.3　口袋

　　在服装造型中，口袋是既实用又具有装饰性的重要元素。口袋不仅是服装的附属部件，具有放置物品的功能，而且因其常居于服装的明显部位，也具有很强的装饰作用。

　　多变的口袋造型设计可以为服装增添点缀，如男子西装的前胸口袋放置口袋巾，起到装饰的作用（图2-16）。口袋造型也通过缉明线、加褶、镶边、装饰扣等装饰手法，表现服装的整体风格和艺术品位，极大地丰富了服装造型的视觉层次感和表现力。

图2-16　西装口袋巾

　　口袋在服装上起到很好的分割效果，能有效地将服装分为若干部分。通常利用嵌线挖袋设计进行创新，将多种线形巧妙地运用于服装上，直线、弧线、斜线或直角线均可，适量增加口袋的宽度，既能与服装融为一体，又能充分展现分割带来的视觉美感（图2-17）。

　　设计师以口袋造型与服装的整体风格相协调为前提，打破常规，改变其大小、形状、位置，例如，在前身、后背、手臂、腿部，甚至在领子、帽子等一般人想象不到的地方设计各式各样的口袋，使得服装造型变化丰富，极大地增强视觉效果（图2-18）。

图2-17　起分割作用的口袋

图2-18　增强视觉效果的口袋

　　口袋叠加设计具有立体效果，能强化视觉层次感，增强服装细节的质感。日本设计师渡边淳弥（Junya Watanabe）将多种口袋进行叠加设计，可拆卸的功能塑造多种穿搭效果，使服装更具实用性能；口袋位置的变换，如袖侧、后背以及前胸的斜向口袋，为服装营造出差异化视觉效果（图2-19）。

图2-19　有立体效果的口袋

2.3.4　衣摆

　　衣摆的长度直接影响服装的视觉效果和穿着者的身材比例。例如，长裙摆能显得穿着者身材修长，而短裙摆则能展现穿着者活泼、俏皮的气质（图2-20）。在设计过程中，设计师需要考虑服装的整体比例，确保衣摆长度与袖长等部分相协调。

图2-20　长裙与短裙的不同效果

　　衣摆的形状和轮廓可以塑造出不同的风格。例如，直筒形衣摆显得简洁大方，适合正式场合；A字形衣摆能营造浪漫、甜美的氛围，适合休闲或约会穿（图2-21）；不规则形状的衣摆设计能打破传统，增强服装的时尚感和个性（图2-22）。

图2-21　A字形衣摆　　　　　　　　图2-22　不规则下摆

开衩设计是一种常见的衣摆装饰手法，能增强服装的层次感和流动感。前中开衩、侧开衩、两侧开衩等不同的开衩方式，都能为服装增添特色（图2-23）。

图2-23　不同衣摆的开衩设计

2.3.5　门襟

在服装造型中，门襟也是一个非常重要的元素，它指的是衣服或裤子、裙子朝前正中的开襟或开缝、开衩部位。门襟的设计不仅影响服装的外观，还关系到服装的功能性和穿着者的着装体验。

门襟的设计多种多样，以下是几种常见的门襟类型。

① 双排扣门襟。这种门襟是门襟与里襟上下方向各钉一排纽扣。这种门襟的叠门较宽，通常在6～10cm之间。这种门襟设计在男装和女装中都很常见，通常男装扣眼在左襟，女装扣眼在右襟（图2-24）。

图2-24　双排扣门襟服装

② 单排扣门襟。与双排扣门襟相比，单排扣的叠门较窄。这种门襟设计简洁大方，适用于各种款式的服装（图2-25）。同样，男装扣眼通常在左襟，女装扣眼在右襟。

图2-25　单排扣门襟服装

③ 非对称门襟。这种门襟的叠门量从上到下是变化的，并且有时两侧叠门量是不同的。非对称门襟设计打破了传统的对称美学，使服装更具个性和创意（图2-26）。

图2-26　不规则门襟服装

思考题

1. 服装造型设计的概念是什么？
2. 服装的造型设计可以分为哪几种？
3. 服装的外部廓形有哪些？
4. 服装的内部轮廓有哪些？

课后项目练习

1. 服装的款式要素可以分为服装外部造型、＿＿＿＿、＿＿＿＿。
2. 服装的内部轮廓设计可以总结为＿＿＿＿、＿＿＿＿、分割线三种形式。

）项目 3
服装的色彩设计

教学内容 服装色彩的概念，服装色彩的分类，服装色彩搭配原理，服装色彩趋势。

知识目标 掌握服装色彩的基本概念；熟悉服装色彩的分类，并能理解各种色彩属性的含义和特点；深入理解服装色彩搭配的原理和方法，并能根据设计需求灵活运用；关注并了解服装色彩的流行趋势。

能力目标 能根据设计主题和目标受众选择合适的服装色彩；能够灵活运用各种色彩搭配技巧；能够根据市场趋势和消费者需求，预测并把握服装色彩的流行趋势。

思政目标 培养学生的审美能力和创新意识，提升个人综合素质；培养学生的团队协作精神和沟通能力，促进其全面发展；引导学生关注社会文化和时尚潮流的发展变化，增强对传统文化的认同感和自豪感。

服装的色彩设计是服装设计中至关重要的一个环节，它不仅能够传递设计师的创意和理念，还能影响穿着者的气质和形象。在服装色彩设计中，设计师需要遵循一定的搭配原理。对比配色可以产生强烈的视觉效果，使服装更加醒目；渐近配色能够营造柔和、协调的氛围，使穿着者更加舒适自然。此外，设计师还需要关注色彩的比例和分布，以确保整体效果的和谐。同时，服装色彩设计也需要紧跟时代潮流，关注市场趋势。不同季节、不同地域以及不同文化背景下，人们的色彩偏好有所不同，设计师需要敏锐地把握以上情况，以便在设计中融入时尚元素，满足消费者的需求。总之，服装的色彩设计是一门综合性很强的艺术。它需要设计师具备扎实的专业知识、敏锐的时尚触觉以及丰富的实践经验。只有这样，才能创造出既符合审美要求又具有实用价值的服装作品，让人们在穿着中感受美的力量和魅力。

任务3.1 / 服装色彩的概念及特征

服装色彩是指服装所呈现的各类颜色的总和，它不仅是视觉上的直观表现，更是设计师与穿着者情感交流的桥梁。服装色彩不仅包含红色、黄色、蓝色等基本色，还涵盖了众多的间色与复色，每一种色彩都有其独特的象征意义与情感表达。通过巧妙地运用色彩，设计师可以营造不同的氛围和风格，使服装更具吸引力和感染力。

3.1.1 服装色彩的概念

首先，色彩是服装不可或缺的基本属性。每一款服装，无论其款式、材质如何，色彩都是其最为直观、最先被注意到的特征。色彩具有极强的视觉冲击力，能够在第一时间吸引人们的目光，产生强烈的视觉印象。因此，设计师在创作过程中，对色彩的选择和运用至关重要，它能够直接影响服装的整体效果和穿着者的形象。

其次，服装色彩具有丰富的情感和文化内涵。不同的色彩能够引发人们不同的情感反应，如红色代表热情、活力（图3-1），蓝色代表冷静、理智（图3-2），绿色代表自然、和谐等。设计师通过运用不同的色彩，可以传达出不同的情感和信息，使服装更具表现力和感染力。同时，色彩还承载着丰富的文化内涵，不同的文化背景下，人们对色彩的偏好和解读也会有所不同。因此，设计师在运用色彩时，需要考虑到目标受众的文化背景和心理需求，以确保设计的准确性和有效性。

图3-1　红色为主色调的服装

图3-2　蓝色为主色调的服装

　　此外，服装色彩的选择与搭配也是一门艺术。设计师需要根据设计主题、风格以及市场需求等因素，灵活运用各种色彩，创造出既符合审美要求又具有实用价值的服装作品。在色彩的搭配上，设计师需要考虑到色彩的对比、和谐、统一等原则，以确保服装的整体效果协调、美观。同时，设计师还需要关注色彩的比例和分布，通过巧妙的色彩搭配，使服装更具层次感和立体感。

　　随着时尚潮流的不断变化，服装色彩也在不断发展和创新。设计师需要紧跟时代步伐，关注市场趋势，了解消费者的需求和喜好，以便在设计中融入新的色彩元素和创意。同时，设计师还需要不断学习和探索新的色彩搭配和运用方式，以丰富设计语言和表现手法。

　　最后，服装色彩不仅仅是设计师的创作工具，更是与穿着者紧密相连，能够彰显其个性的重要元素。每个人对色彩的喜好和解读不同，使得服装色彩成为展现穿着者个性、气质和风格的重要手段。穿着者通过选择适合自己的色彩，展现自己的独特魅力和个性特点，从而塑造独特的个人形象。

综上所述，服装色彩是服装设计中不可或缺的重要组成部分，它承载着丰富的情感和文化内涵，是展现服装魅力和个性的重要手段。设计师需要深入理解和掌握服装色彩的概念和运用技巧，以创造出更多具有创意和实用价值的服装作品。同时，穿着者也需要关注自己的色彩喜好和风格特点，选择适合自己的服装色彩，以展现独特的个人魅力。

3.1.2   服装色彩的特性

服装色彩的特性是一个多维度、深层次的概念，它涵盖了色彩在服装设计中的独特表现和起到的作用。以下是对服装色彩特性的详细描述。

（1）服装色彩具有直观性和情感性

色彩是服装最直接、最明显的视觉元素，它能够迅速吸引人们的目光，产生强烈的视觉冲击。不同的色彩能够引发人们不同的情感反应，如暖色调通常给人一种温暖、活泼的感觉，而冷色调则显得冷静、深沉（图3-3、图3-4）。设计师通过运用不同的色彩，可以营造不同的氛围和情感，使服装更具表现力和感染力。

图3-3　暖色调服装

图3-4　冷色调服装

（2）服装色彩具有文化性和象征性

色彩在不同的文化背景下有着不同的解读和意义。不同的地域、民族和时代，人们对色彩的喜好和偏好有所不同。例如，在中国文化中，红色象征着喜庆和吉祥，而在西方文化中，红色则常常与爱情和激情相关联。设计师在运用色彩时，需要考虑到目标受众的文化背景和心理需求，以确保设计的准确性和有效性。此外，色彩能够代表某种特定的理念、信仰或价值观。

（3）服装色彩具有搭配性和协调性

在服装设计中，色彩的搭配至关重要。合理的色彩搭配能够使服装整体效果更加和谐、美观，而错误的搭配则可能导致整体效果显得混乱、不协调。设计师需要掌握色彩搭配的原则和技巧，如对比、渐变、呼应等，以确保服装的色彩搭配既符合审美要求又具有实用性（图3-5）。

（4）服装色彩还具有多样性和创新性

随着时尚潮流的不断变化，服装色彩也在不断发展和创新（图3-6）。设计师可以通过运用新的色彩搭配方式、尝试新的色彩组合，创造出独特、新颖的服装作品。此外，随着科技的发展，新的染色技术和面料处理工艺也为服装色彩设计提供了更多的可能性。

图3-5　服装色彩的搭配性

图3-6　服装色彩的创新性

（5）服装色彩还具有实用性和功能性

在服装设计中，色彩不仅是为了美观和表达情感，还需要考虑到实用性和功能性。例如，在户外服装设计中，选择明亮的色彩可以提高穿着者的可见性，增强安全性；而在运动服装设计中，选择透气、吸汗的面料，可以提高穿着者的舒适度。

服装色彩涵盖了直观性、情感性、文化性、象征性、搭配性、协调性、多样性、创新性以及实用性和功能性等多个方面。这些特性使得服装色彩在服装设计中起到至关重要的作用，能够影响人们的视觉感受、情感反应以及穿着体验。

任务3.2 / 服装色彩的分类

服装色彩的分类多种多样，既体现了色彩的属性特点，也反映了时尚趋势和文化背景。服装色彩的分类和运用是一个不断创新和发展的过程。随着时代的变迁和时尚文化的演变，新的色彩和搭配方式不断涌现，为服装设计带来更多的可能性。因此，设计师需要保持开放的心态和创新的精神，不断探索新的色彩语言和表达方式，为我们的生活增添更多的色彩和魅力。

3.2.1 根据色彩的基础属性进行分类

服装色彩可以分为有彩色和无彩色两大类。

有彩色包括红色、橙色、黄色、绿色、蓝色、紫色等基本色，它们具有明确的色相、纯度和明度变化。色相指的是色彩的相貌，即我们通常所说的红色、黄色、蓝色等；纯度表示色彩的鲜艳程度或纯净度；明度是指色彩的明暗程度。这些有彩色在服装设计中能够展现出丰富的视觉效果，通过不同的搭配和组合，可以创造出千变万化的服装风格（图3-7）。

无彩色包括黑色、白色、灰色等色彩，它们没有明显的色相变化，主要通过明度的差异来体现不同的视觉效果。无彩色在服装设计中具有广泛的应用，它们既可以作为主色调来突出服装的简约与高雅，也可以作为辅助色来衬托其他有彩色的鲜艳与活泼。无彩色的运用可以使服装整体效果更加和谐、统一，同时也能够凸显穿着者的气质与品位（图3-8）。

图3-7　有彩色服装　　　　　　　　　　　图3-8　无彩色服装

3.2.2　根据色彩的心理感受进行分类

服装色彩可以分为冷色、暖色和中性色。冷色如蓝色、绿色、紫色等，给人一种冷静、清爽的感觉，通常用于表现清新、自然的风格；暖色如红色、橙色、黄色等，显得温暖、活泼，常用于表现热烈、欢快的氛围；中性色如黑色、白色、灰色等，具有平和、稳重的特性，适合用于表现简约、大方的风格。这些色彩在服装设计中的运用，能够直接影响人们的心理感受和情绪状态，因此设计师需要根据设计主题和目标受众来选择合适的色彩。

3.2.3　根据面料的特性进行分类

不同的面料具有不同的光泽度和质感，从而呈现出不同的色彩效果。例如，丝绸、缎子等光滑面料能够展现出华丽、高贵的光泽色，常用于高级时装的设计（图3-9）；而棉、麻等天然面料则呈现出质朴、自然的无光泽色，更适合用于休闲装或日常服装（图3-10）。设计师在选择面料时，需要考虑其色彩特性与整体设计的协调性。

图3-9　光滑面料呈现出华丽的光泽色　　　　图3-10　天然面料呈现出自然的无光泽色

　　同时，时尚趋势也是影响服装色彩设计的重要因素。随着时代的变迁和流行文化的演变，服装色彩也在不断地发展和创新。设计师需要关注时尚潮流的动向，了解当前流行的色彩和搭配方式，以便在设计中融入新的元素和创意。比如近年来流行的莫兰迪色系、糖果色系等，都为服装设计师带来了更多的灵感。

　　在特殊色彩方面，金色、银色、荧光色等也是服装设计中常见的选择。这些色彩具有独特的视觉效果和象征意义，能够为服装增添亮点和个性。比如金色和银色通常用于表现高贵、奢华的气质（图3-11），而荧光色常用于表现前卫、时尚的风格（图3-12）。

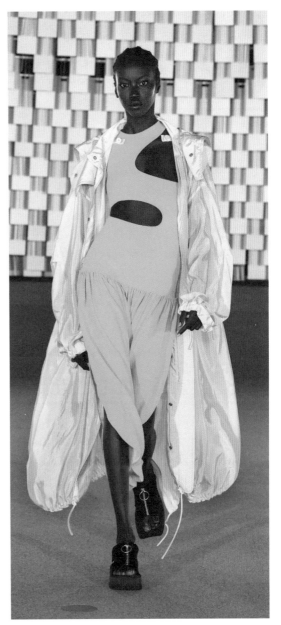

图3-11　运用金银色的服装　　　　　图3-12　运用荧光色的服装

　　总的来说，服装色彩的分类是一个多元化且复杂的过程，它涉及多个方面的因素。设计师需要根据设计主题、受众需求、面料特性和时尚趋势等因素进行综合考虑和选择。通过灵活运用不同的色彩和搭配方式，设计师可以创造出丰富多样、具有个性和创意的服装作品，满足不同消费者的审美需求。随着科技的不断进步和时尚文化的不断发展，未来服装色彩的分类和应用也将有更多的可能性和创新空间。设计师需要保持敏锐的洞察力和创新精神，不断探索新的色彩搭配和运用方式，为服装设计行业注入新的活力和创意。

服装色彩的搭配原理是创造视觉美感的关键所在。其核心在于通过色彩的对比、协调与平衡，实现整体造型的和谐统一。首先，要考虑色彩的对比，利用互补色或对比色产生鲜明效果，增强视觉冲击力。同时，相似色或同一色系的搭配也能营造出柔和、协调的氛围。其次，明度和纯度的选择也是关键，不同明度和纯度的色彩搭配在一起能形成丰富的层次感，提升服装的整体质感。此外，中性色的运用能有效平衡整体色调，使搭配更加和谐稳定。最后，搭配时还需考虑个人特点、场合需求及流行趋势等因素，灵活调整色彩搭配方案，创造出既符合个人风格又符合场合要求的服装造型。总之，服装色彩的搭配设计是一个综合性的艺术过程，需要综合考虑多个因素，以实现最佳的视觉效果。

3.3.1 色彩的对比与调和

色彩的对比与调和

对比是将具有明显差异的色彩放在一起相互比较的手法。在我们的生活中，事物之间的差异是普遍存在的。差异很大的事物往往给人留下深刻的印象，如急雨之夜的闪电、绿色原野中的红花等。这是因为差异较大的双方在相互反衬之下能表现出各自更强烈的特征。只有在黑夜的笼罩之下，白炽的闪电才格外惊心动魄；只有在恬静的原野上，在绿草的烘托下，娇艳的红花才格外引人注目。对比能使艺术作品产生变化，从而增强艺术作品的感染力（图3-13）。

对比能使艺术作品产生变化，但是过分的变化又会使作品显得杂乱无章。优秀的作品应该是既丰富多样又和谐统一的。处于同一整体的色彩，如果差异过大，就需要减弱它们之间的差异，使作品的艺术形式符合多样

图3-13 服装色彩的对比

统一的原则。这种削弱和减少对比的手法就是调和（图3-14）。

在艺术设计中，对比和调和是一对相互矛盾而又彼此关联的重要手法。过分强调对比会乱，过分强调调和会呆，恰如其分地把握两者是艺术家高超技艺的体现。

3.3.2　色相不同的色彩组合

色相不同的色彩组合在一起会产生对比，色相对比的强弱取决于参与组合的色彩在色相方面的差异。如图3-15所示，从色相的角度出发，根据不同颜色在24色相环中所处的位置，可以把色彩对比分为同一色相、邻近色相、类似色相、中差色相、对比色相、互补色相等多种类别。

色相组合是指基于色相环上的色彩进行搭配组合的一种方式。在以上六种

图3-14　服装色彩的调和

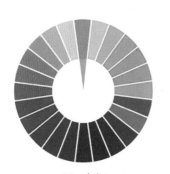

同一色相

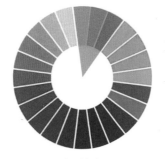

邻近色相

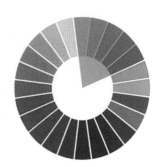

类似色相

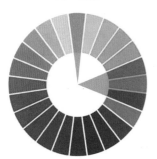

中差色相

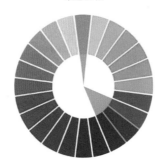

对比色相

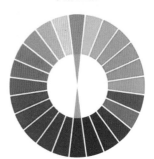

互补色相

图3-15　不同色相的服装色彩设计组合

色相组合类别中，同一色相、邻近色相（图3-16）呈现的色彩关系较稳定和谐，对比色相、互补色相呈现出的色彩关系对比强烈。

3.3.3 明度不同的色彩组合

明度差是指在一组有色彩组合的画面中，最明亮色彩与最暗淡色彩的亮度差。

明度差在2°以内的色彩组合在一起，对比感较弱，容易统一，如中明色与中明色，明色与明色等的组合。

明度差在3°左右的色彩组合在一起，对比感适中，如明色与中明色的组合，中明色与暗色的组合。

明度差在5°以上的色彩组合在一起，对比感就很强了，如明色与暗色的组合，明度对比最强的色彩组合是黑色与白色的组合。明度差很大的色彩组合在一起，有时会显得生硬，可以在色相和纯度方面进行调节，使整体和谐一些（图3-17）。

图3-16 邻近色相的色彩组合

图3-17 不同明度的色彩组合

3.3.4　纯度不同的色彩组合

纯度不同的色彩组合在一起，也能产生对比。纯度对比的强弱决定于色彩之间纯度的差异。不同的色彩，如红色与蓝色，色相不同，但每一种颜色都有它自己相对的高纯度、中纯度和低纯度。无论哪种颜色，纯度偏高时总是艳丽的，纯度偏低时总是暗淡的。不同纯度的色彩组合在一起，会有不同的效果。

同是高纯度，或同是中纯度，或同是低纯度的色彩组合在一起，会因纯度差小而显得呆板。加大色彩之间的纯度对比，让高纯度色与中纯度色，甚至与低纯度色组合，效果会好得多（图3-18、图3-19）。

图3-18　不同纯度的红色组合　　　　　　图3-19　不同纯度的黄色组合

最强的纯度对比是无彩色与高纯度的有彩色的对比，在无彩色的对比下，即使很少的高纯度色，也会显得鲜艳美丽。一般情况下，由于色彩纯度之间的差异不如色相和明度的差异明显。因此，色彩之间的纯度对比很难取得色相对比和明度对比那样强烈的配色效果。

3.3.5　套装色彩设计

所谓套装色彩设计，实际上就是服装色彩的整体设计，强调服装色彩整

71

体上的系列感和配套性，凸显服装色彩的整体协调性，以及整体色与局部色之间适当的关系。具体而言，套装的整体色彩设计是一个综合性的艺术考量，它涵盖了内衣、外套、上装、下装以及配饰等多个元素之间的和谐共生。这一设计过程不仅要求深入探究色彩间的面积比例、空间布局、色彩三要素（色相、明度、纯度）的巧妙融合，以及色彩形态的相互呼应，还要特别关注面料材质的质感匹配、图案设计的相互协调、服装款式的统一风格、配饰选择的相得益彰，乃至服装工艺与细节处理的精致配套。为了实现这些元素间色彩的整体协调与统一，关键在于确立并把握主调色彩，使其作为整个色彩方案的灵魂与核心，引领并支配其他色彩元素，确保它们能够围绕主调色彩展开，形成既丰富又和谐的色彩关系。

　　为了增强服装色彩的整体感，在套装色彩组合中，除选用花色面料以外，选择的主次色相一般不要超过三个。例如图3-20中的服装以蓝灰色为主调，上衣与裤装均用蓝灰色，色彩面积较大而且处于观者的视觉中心，所以较引人注目。上衣领口、下摆及部分辅料用少量的荧光黄色，不但不影响套装色彩的整体效果，反而更突出主色。配饰可选用蓝色、灰色、金属色等，以加强色调优势。

图3-20　以蓝灰色为主调的服装

任务3.4　服装色彩趋势

　　服装色彩趋势是一个不断演变的过程，它受到文化、社会、经济以及时尚界的多重影响。近年来，服装色彩趋势展现出一种多元化和个性化的特点。一方面，经典色彩如黑色、白色和灰色等中性色依然占据重要地位。这些色彩不仅百搭，而且能够适应各种场合，成为日常穿搭的必备之选。同时，一些温暖柔和的色调如粉色、米色等也逐渐受到青睐，它们给人带来一种温馨舒适的感觉，适用于休闲和家居场合。另一方面，随着时尚文化的不断发展，一些鲜艳明亮的色彩也逐渐崭露头角。比如鲜艳的红色、橙色等，这些色彩具有强烈的视觉冲击力，能够吸引人们的注意力，展现出时尚活力和个性魅力。此外，一些富有民族特色的色彩也逐渐成为时尚界的宠儿，如蓝色印花、彩色刺绣等，它们不仅具有独特的文化内涵，还能为服装增添一分异国情调。在服装色彩搭配上，也逐渐呈现出一种简约而不简单的趋势。设计师通过巧妙地运用色彩对比和协调原理，将不同色彩进行搭配组合，创造出既和谐统一又富有层次感的视觉效果。同时，设计师也注重色彩的面积和比例分配，以达到最佳的视觉效果。总的来说，服装色彩趋势是一个不断变化的过程，它受到多种因素的影响和推动。在未来，随着时尚文化的不断发展和人们审美观念的不断变化，服装色彩趋势也将继续演变和创新。

3.4.1 服装流行色的研究和预测机构

流行色的研究与预测，尽管其出发点常源于商业动机，但其深远影响不止于此，不仅显著优化了人们的居住空间，美化了生活环境，还悄然提升了人们的社会文化品位。在当今崇尚个性表达与多元化的时代背景下，流行趋势的精准预测面临前所未有的挑战。鉴于服装选择中色彩往往成为消费者首要考量因素之一，企业需采取更为精细化的市场策略。这要求企业深入剖析市场动态，对细分后的流行色彩趋势进行细致入微的再评估，进而精准定位，为不同消费层次的顾客量身定制并推出相应的流行色彩选择，以满足市场的多元化需求。

（1）国际流行色组织及机构

① 潘通色彩研究所。作为全球领先的色彩权威机构，潘通色彩研究所致力于开发和推广标准色彩系统。其色彩预测对全球设计、时尚和零售等行业产生深远影响。每年发布年度流行色、季度流行色等报告，为服装、美妆、家居等多个行业提供色彩指导。潘通色彩研究所的预测结果往往成为全球时尚界色彩运用的重要参考，引领着服装流行色的潮流。

② 国际流行色协会。这是一个致力于研究颜色科学，传播最新色彩趋势的国际性机构。它联合各国的色彩专家和设计师，共同研究和预测未来的流行色，关注全球色彩发展动态，为服装、纺织、设计等行业提供色彩决策指导。该协会的研究不仅关注时尚界，还涉及建筑、室内设计等多个领域，为跨行业的色彩应用提供支持。

③ 美国色彩研究院。这是一个以研究和预测色彩趋势为宗旨的机构，与时尚、设计、艺术等行业紧密合作。它提供有关色彩的专业分析和建议，对服装流行色的预测具有重要影响。其研究成果和预测报告在全球范围内具有广泛的影响力，为服装设计师和服装品牌提供重要的色彩参考。

④ WGSN（价值全球时尚网）。WGSN是一家全球性的趋势预测机构，专注于为时尚和设计行业提供趋势分析和商业咨询。通过对全球市场的深入研究和分析，发布关于色彩、材料、设计等方面的趋势报告。WGSN的色彩预测结合了市场趋势、消费者心理、文化背景等多个因素，为服装品牌提供全面的色彩指导。

⑤ 国际纺织品流行色协会。该协会通常由一个或多个类似的国际纺织品流行色组

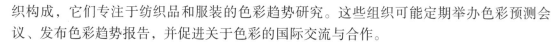

织构成，它们专注于纺织品和服装的色彩趋势研究。这些组织可能定期举办色彩预测会议、发布色彩趋势报告，并促进关于色彩的国际交流与合作。

（2）国内流行色组织及机构

在国内流行色组织及机构中，最具权威性和影响力的当属中国流行色协会（CFCA）。该协会成立于1982年，主要进行国内外市场的色彩调研，预测并发布流行色趋势，为服装行业提供色彩指导。中国流行色协会是中国色彩事业建设的主要力量和指导机构，其发布的流行色报告和预测结果对国内服装、纺织、家居等多个行业起到重要影响。

3.4.2　服装流行色的预测与发布

对色彩流行趋势的预测，是人们掌握和运用客观规律的探索性活动，具有跨越性的意义。预测流行色的过程主要基于市场色彩的动态趋势以及流行色专家的灵感与预测能力，这一过程以广泛而深入的科学调查研究作为坚实支撑。

（1）预测的方法

目前国际上流行色的预测方法有两种：日本式、西欧式。

① 日本式。广泛调查市场动态，分析消费层次，重视消费者的反映，并以此进行科学的统计测算。

② 西欧式。法国、德国、意大利、荷兰、英国等国家的专家凭知觉判断来选择下一年的流行色。这些专家常年参与流行色预测，并掌握多种信息，有较高的色彩修养和较强的知觉判断力。

国内的流行色预测发布从调研、推论、择定、发布、检验五个方面展开。

① 调研。包括定点观察（在指定的具有代表性的地段，分组、定时调查流行现状）、发卡征询法、当面座谈法、摄影分析法。

② 推论。包括分析历届流行趋势、排除特殊因素的干扰（政治运动、重大科研成果、战争等），对调研数据进行深入分析和解读，从而预测未来可能出现的流行色。

③ 择定。包括地域性、阶层、使用目的、色彩效果的归纳。更重要的是参与者、权威人士、经验丰富的设计师、潮流的引领者的择定。

④ 发布。流行色协会等机构会定期发布流行色趋势报告，包括色彩的应用建议、市场预测等。

⑤ 检验。前一届流行色预测的实现效果是发布下届流行趋势的重要依据。

（2）预测的依据

流行色的预测依据有三个方面：社会调查、生活源泉、演变规律。

① 社会调查。流行色本身就是一种社会现象，社会各阶层的喜好倾向、心理状态、传统和发展趋势等，是预测和发布流行色的重要依据。

②生活源泉。生活源泉包括生活本身、自然环境、传统文化，这些都具有感性特征。

③ 演变规律。从演变规律看，流行色的发展过程具有延续性、突变性和周期性特点。延续性，即流行色在一种色相的基调上或在同类色范围内发生明度、纯度的变化；突变

性，即一种流行的颜色向它的反方向补色或对比色发展；周期性，即某种色彩每隔一定时间又重新流行。流行色的变化周期包括4个阶段：始发期、上升期、高潮期、消退期。整个周期一般经历5～7年的时间，但周期的长短也会受到国家发展水平的影响，发达国家的变化周期较短，发展中国家的周期变化较长。贫困、落后的国家和地区甚至没有明显变化。

当前，国际流行色协会对流行色的预测与发布每年举行两次。每次在巴黎举行年会时，首先由各成员国代表将本国预测的18个月后的流行色卡及说明分发给与会代表。会议开始后代表们逐一上台介绍本国提案的详细情况，展示色卡并加以形象化的说明。然后，经过讨论推出一个大家均认为可以接受的提案，以此为蓝本各国代表再加以补充、调整。各国代表推荐的色彩只要有半数以上的代表表决通过就能入选。经过长时间的反复磋商，新的国际流行色方案便产生了。

3.4.3   服装流行色的应用

研究和预测流行色的最终目的在于，利用流行色为社会创造更大的经济效益和社会效益。流行色工作仅仅停留在发布和宣传阶段，是远远不够的，服装设计师要在创作实践中多运用流行色进行各种尝试。

（1）流行色卡的识别及理解

国内外各种流行色研究、预测机构，每年要发布1～2次流行色，并以色卡的形式进行广泛的宣传和传播。每次发布的流行色卡，一般有二三十种色彩，具体可归纳为以下几种色组。

① 时髦色组。包括即将流行的色彩——始发色，正在流行的色彩——高潮色，即将过时的色彩——消退色。

② 点缀色组。一般都比较鲜艳，而且往往是时髦色的补色。

③ 基础与常用色组。以无彩色以及各种有色彩倾向的含灰色为主，加上少量常用色彩。

对于流行色卡，需要设计师全面分析、正确理解，以便更好地把握与应用到服装色彩设计中。比如之前国际上曾出现过重返自然的思潮，在流行色发布会上就产生了"森林草地色""泥土色""沙滩色""桦树皮色"等。只有在深入领悟流行色所蕴含的意境后，才能使典型的色彩通过恰当的服装色彩搭配得到充分的展现。

（2）按照流行色卡所提供的色彩进行服装设计

在色彩面积分配上应注意以下几点。

① 搭配服装色彩时，面积占优势的主色要选用时髦色组中的颜色，若用花色面料，底色或主花色应为流行色。

② 与流行色互补的点缀色，只能少量运用。

③ 为使整体配色效果富有层次感，应适当选择无彩色或含灰色的颜色作为调和辅助色彩。

（3）流行色应用于服装设计的方式及形式

服装设计中流行色的应用关键在于把握主色调，具体有以下几种方法及形式。

① 单色的选择和应用。流行色谱中的每种色彩均可单独使用。

② 单色分离层次的组合和应用。单色分离层次是在单色（或接近单色）的基调下，通过调整色彩的不同明度（亮度）或细微的色彩变化来创造视觉上的层次感。这种方法不依赖于多色对比，而是通过单色内部的变化来实现层次的丰富性。

③ 同色组各色的组合和应用。这是一种邻近色构成法，也是最能把握流行主色调的配色方法。

④ 各组色彩的穿插组合和应用。这是一种多色构成法，将所有流行色彩组合在一起，是一种最为普遍、也容易见效的方法，各色组色彩的穿插是多色的对比统一。

⑤ 流行色与常用色的组合和应用。这种方式是服装色彩设计中最常用的组合手法。

⑥ 流行色与点缀色的组合和应用。在服装色彩设计中，任何一次流行色的应用都不排斥点缀色的加入，因为点缀色不仅不会影响大的服装色调，而且还会活跃气氛、增加层次，起到画龙点睛的效果。

⑦ 流行色的空间混合与空间混合而成的流行色。流行色的空间混合是视觉上的另一种色彩混合方式。在流行色的运用中，空间混合可以被视为一种设计手法，用于创造独特的视觉效果。

空间混合而成的流行色是通过空间混合手法创造出的具有流行色彩倾向的整体色彩效果。这种效果并不是由单一色彩直接形成的，而是由多种色彩在空间中的相互作用和混合而产生的。例如，在服装设计中，设计师可以将不同色彩的布料或元素并置在一起，通过剪裁、拼接等手法，使这些色彩在视觉上产生混合效果，从而创造出具有流行色彩倾向的服装款式。

⑧ 流行色与时代赋予的流行基调。每个时代都镌刻着其独特的流行色彩印记，这些色彩不仅装点着日常生活，更深刻地反映了时代的风貌与基调。作为设计师，我们需具备敏锐的洞察力，紧抓时代脉搏，深刻理解并巧妙运用这些流行色调，以色彩为笔，勾勒出符合时代精神的创意作品。

思考题

1. 简要描述服装色彩的概念及特性。
2. 分析服装色彩的主要分类有哪些？
3. 服装色彩的搭配原理主要包括哪些？

课后项目练习

1. 服装色彩的分类多种多样，既体现了色彩的＿＿＿＿＿＿＿，也反映了＿＿＿＿＿＿和＿＿＿＿＿＿。

2. ＿＿＿＿＿＿表示色彩的鲜艳程度或纯净度；而＿＿＿＿＿＿是指色彩的明暗程度。

3. 你认为未来的服装色彩趋势会有哪些新的变化和特点？这些变化将如何影响我们的日常穿搭和时尚观念？

项目 4
服装的材料设计

教学内容 　服装材料的分类，服装材料的增形设计，服装材料的减形设计，服装材料的综合设计。

知识目标 　掌握服装材料的不同分类，以及增形设计、减形设计和综合设计的不同手法。

能力目标 　能根据不同的场景使用不同的材料再造手法。

思政目标 　弘扬中华优秀传统文化，引导学生树立正确的价值观，提高职业素养，培养良好的团队协作和沟通能力。

服装材料是指构成服装的一切材料，可分为服装面料和服装辅料。服装面料是指制作服装时主要使用的材料，服装辅料是指为辅助服装的加工和增强穿着效果而使用的材料。

服装材料作为服装的物质载体对服装整体效果的呈现有着至关重要的作用。了解和掌握不同的服装特性，才能在服装设计中充分发挥面料的性能。本项目首先介绍服装材料的分类，然后从服装材料的增形设计、服装材料的减形设计和服装材料的综合设计三个方面展开论述。

任务4.1　服装材料的分类

服装材料的种类繁多，为了系统地了解服装材料，在服装设计制作中更好地选择和运用服装材料，可对其进行如下分类。

4.1.1　按材料的用途分类

按材料的用途，一般可分为服装面料和服装辅料。

（1）服装面料

服装面料是指构成服装表面的主要用料，对服装造型、外观风格及服装性能起主要作用。如西装所用的精纺毛料，大衣所用的粗纺毛呢，毛皮服装所用的毛皮、皮革。

（2）服装辅料

服装辅料是除面料以外构成服装的所有用料。服装辅料的种类很多，不同的服装辅料有不同的作用。辅料包括里料、衬料、垫料、絮填料、纽扣和拉链等系扣材料、缝纫线、商标带、号型尺码带、成分标签、使用说明牌、各种包装材料以及花边和亮片等装饰材料等。

4.1.2　按织造方法分类

服装面料按照织造方法一般可以分为梭织面料、针织面料和非织造面料。

（1）梭织面料

梭织是织机以投梭的形式，将纱线通过经、纬向的交错而组成，呈现纵向的纱线，被称为经纱；呈现横向的纱线，被称为纬纱。梭织面料组织一般有平纹、斜纹和缎纹三种，以及这三者的组合变化。由于经纬纱交错，所以梭织面料具有坚实稳固、不易脱散、尺寸稳定性较好、缩水率较低等优点。在服装制作中梭织面料的品种很多，例如各种平布、色织布、斜纹布、牛仔布等（图4-1）。

（2）针织面料

针织面料是由织针将纱线弯曲成圈相互串套而形成的织物。针织具有良好的弹性和吸湿透气性，保暖舒适，是服装中使用广泛的材料。针织面料分为经编针织面料和纬编针织面料（图4-2）。

（3）非织造面料

非织造面料也称无纺布，是用黏合法或针刺法等将纤维结为一体的织物（图4-3）。

图4-1 牛仔面料

图4-2 针织面料

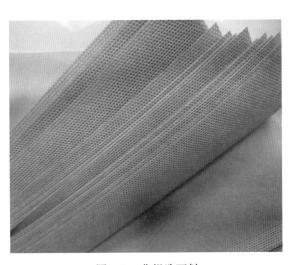

图4-3 非织造面料

4.1.3 按制作原料分类的服装面料

服装用纤维包括来源于自然界中的天然纤维和通过化学或物理的方法加工获取的化学纤维两大类。

（1）天然纤维

天然纤维是指用在自然界中获得的可以直接纺织加工的纤维织成的织物。天然织物中，最常见的有棉、苎麻、亚麻、绵羊毛、桑蚕丝和柞蚕丝等材料的（图4-4）。

（2）化学纤维

化学纤维是指以合成的聚合物为原料，经过人为加工制造的纤维织物。最常用的化学纤维有黏胶、涤纶（图4-5）、锦纶、腈纶和氨纶等。

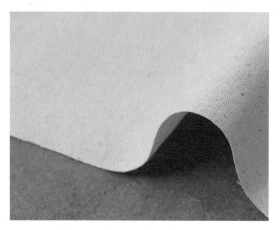

图4-4　棉织物

图4-5　涤纶面料

任务4.2　服装材料的增形设计

当下越来越多的设计师认识到环境保护和绿色可持续设计的重要性，面料增形设计是设计师原创生命力的直接体现，同时也是可持续理念的体现。旧衣改造、植物染色、可降解生物面料的开发利用等，这些面料的增形设计都是对可持续理念的最好体现。

材料的增形创意设计有两种表达形式：一种是改变现有面料本身的视觉或触觉效果；另一种是在现有材料的基础上运用物理和化学的方法，改变材料本身的形态，使本身平淡无奇的材料呈现出多层次的材料美感。

常见的增形设计手法有刺绣、拼接、印染、皱褶、编织、毛毡等，使平面的材料呈现出凹凸、立体的肌理效果（图4-6）。

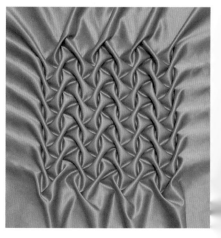

图4-6　立体肌理面料

4.2.1 刺绣

刺绣是用针线在织物上绣制各种装饰图案，是最常见的面料增形设计工艺之一。绣品分为两类（丝绣和羽绣），是指用针线或其他纤维或纱线，以特定的样式和颜色在刺绣材料上刺破并绣制出图案。中国刺绣分为四大类型：苏绣（图4-7）、湘绣、蜀绣、粤绣。绣法有错针绣、乱针绣、网绣、满地绣、锁绣、纳丝、纳锦、平金、影金、盘金、铺绒、戳纱、洒线、挑花等。刺绣在中国已有两三千年的悠久历史，是中国传统的手工工艺之一。刺绣的服饰通常给人华丽感，由于刺绣本身的加工成本较高，即使是机器刺绣，在成衣市场上也多以小面积点缀的形式出现，在高级定制服饰中使用的面积较大，以凸显服装的奢华之感。

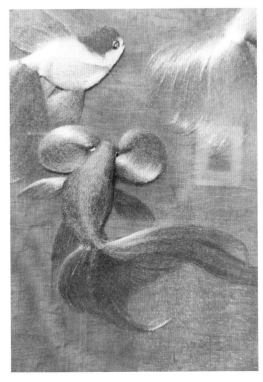

图4-7 苏绣工艺

4.2.2 拼接

拼接是将面料按图样一块块拼凑而成的一种兼具实用性与艺术性的布艺。拼布分为生活拼布和艺术拼布。在中国传统社会，"百衲衣"的制作就是利用了"拼接"手法（图4-8）。中国早期的农耕社会物资相对匮乏，当有孩子满月时，亲友们就会送上一块巴掌大小的布料，让孩子的妈妈将布料缝制成孩子的衣服，这类衣服便叫作"百衲衣"。多块布料拼接使服装材料更为多变、具有层次感（图4-9）。

图4-8　百衲衣

图4-9　拼接工艺的面料再造

4.2.3　印染

印染是一种传统的工艺，种类丰富，有扎染、蜡染、植物染等。

（1）扎染

扎染在古代被称为扎缬、绞缬，是一种常用的染色工艺，还有蜡缬、夹缬等，是汉族民间传统和特有的染色方法。扎染技术可分为扎结与染色两个步骤，先用线、绳等工具将织物用扎、缝、结、缀、夹等手法固定，然后进行染色，其目的是对织物扎结部分起到防染作用，使被扎结部分保持原色，而未被扎结部分均匀受染。扎染的变化手法多样、色彩丰富、趣味无限。扎结的方式不同，染出的效果也不尽相同，每一次都会出现新的变化。扎染形成的类似中国水墨画的晕染艺术效果是机器染色无法实现的（图4-10）。

图4-10　扎染

（2）蜡染

蜡染是中国民间一种传统的纺织和印染工艺，与扎染、灰缬、夹缬并称为中国古代四大印染技艺。蜡染是用蜡刀蘸上熔蜡，在布上涂蓝靛，再染上蜡油，布面就会出现蓝底白花、白底蓝花等花纹，而在浸染过程中，蜡作为防染剂会自行开裂，形成独特的"冰裂纹"（图4-11）。

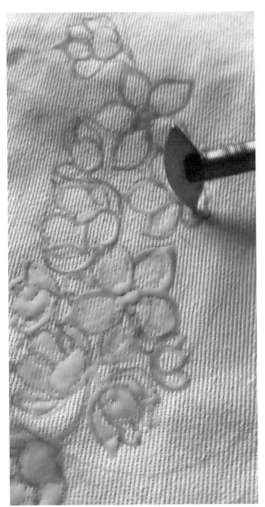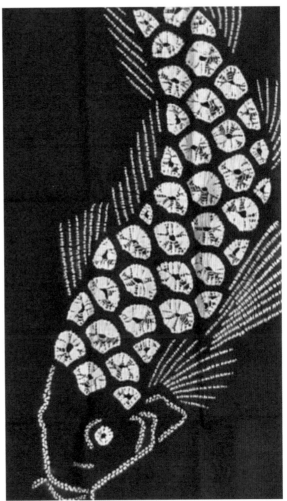

图4-11　蜡染

（3）植物染

植物染是利用从天然植物中提取的色素进行着色，即利用自然界中的天然色素，在不使用或使用少量化学添加剂的情况下进行染色。以"生活在左"2018春夏发布会为例，整场发布会的服装面料以棉麻、丝绸、丝麻为主，染料全部为植物染料，由传承人手工染色而成。使用天然染料不仅能获得高纯度的色彩，还能获得丰富的中间色，更有新中式服饰的韵味。随着人们环保意识的增强，天然植物染色也越来越受人们关注（图4-12、图4-13）。

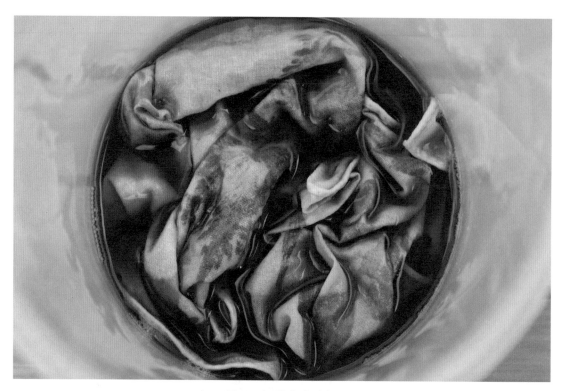

图4-12 植物染过程

图4-13 植物染成品

4.2.4 褶皱

早在古希腊与古罗马时期，褶皱便得到了应用。不同的面料经褶皱处理后会产生不同的视觉效果。褶皱可分为机器压褶、手工制褶、折叠褶、缩褶、立体褶等造型。日本设计大师三宅一生（Issey Miyake）在20世纪80年代末期开始致力于褶皱织物的研发。他改变了传统服装的一贯风格，采用日本宣纸、白棉布、针织棉布、亚麻等一切可以利用的材料来编织布料。三宅一生的解构论阐释了衣服应该是穿着舒适、整理简单、不需要细心照顾的"褶皱"。衣物只是"一块布"，在没有组织的情况下，可以为身体腾出足够的活动空间，摆脱繁复的服装构造，使身体得到最大限度的解放。图4-14是三宅一生以"一块布"为灵感设计的服饰，静态摆放时就是一块方布，当模特穿上后即为一件连衣裙，这便是三宅一生褶皱艺术的体现。

图4-14　三宅一生以"一块布"为灵感设计的服饰

4.2.5　编织

编织是把细长的东西互相交错或钩连组织起来，形成条形或块状织物的工艺手法。中国编织工艺品按原料划分，主要有竹编、藤编、草编、棕编、柳编、麻编六大类。服装类的编织以针织工艺为主，棒针和钩针是主要的编织工具，用棒针可以织出大而厚的布料，用钩针可以织出精致的布料，而专业的织工可以织出漂亮的绣花图案。如图4-15所示的作品是一位位于洛杉矶的纤维艺术家Meg所做，她以制作生动而俏皮的装饰挂毯而

图4-15　编织面料再造

闻名。编织工艺以精细工艺与独特设计为核心，融合了传统技艺与现代审美，不仅能够体现匠人之心，更彰显了穿着者的个性与品位。

4.2.6　毛毡

毛毡大多数是由羊毛制成的，也有一些是由牛毛或纤维经过加工黏合而成的（图4-16）。毛毡的特性是不易变形，其纤维结构可紧密连接，不需要通过针织、缝制等加工可完全实现一体成形。羊毛毡工艺分为针毡与湿毡。WYHOYS是匈牙利一家有机时装品牌，品牌的宗旨是向顾客提供绿色的时尚产品。WYHOYS品牌毛毡作品的图案抽象且大胆写意，利用湿毡工艺倡导对环境保护的重视。

服装面料的增形设计不是一味地增加元素，而是基于形式美法则有意识地进行艺术处理，使改造后的面料更具艺术美感和商业价值。随着科技的高速发展以及人们对绿色可持续理念的重视，功能性面料与绿色可持续面料将成为发展趋势之一。因此，服装设计师只有多学科、多媒介地学习不同领域的专业技能，才能更好地为未来的面料研发提供助力。

图4-16　毛毡作品

任务4.3　服装材料的减形设计

材料的减形设计是指将原有材料经过镂空处理、抽纱处理、烧灼处理、毛边处理等除去或破坏局部，使其达到一种特殊的肌理效果，改变原有的面貌，形成错落有致、亦虚亦实的效果。如图4-17所示，面料用火烧制作出的火痕镂空效果，呈现出一种残缺破败的美。牛仔、针织等面料抽掉部分纱线会呈现出虚实感，皮草面料剪掉部分毛皮，会呈现出凹凸肌理效果，这些手法都可以增强整体设计的层次感和可欣赏性。

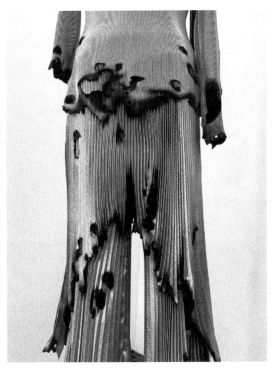 

图4-17　火烧设计的材料

4.3.1　镂空处理

　　在减形设计中，镂空处理是最常见的手法之一。镂空是指对一块面料有目的、有想法地裁剪出图案或形状，从而形成若隐若现的视觉效果。根据不同的设计想法和不同的裁剪方法，镂空所呈现的效果也截然不同。在服装设计中，局部进行镂空处理可以隐约表现出女性的性感。

　　根据服装人体工程学，将简单的服装廓形与镂空处理结合可设计出极简风格的服装。设计师还可利用几何纹样简洁的装饰性特征，将几何元素与镂空处理手法结合并运用到服装设计中，使服装呈现出较为工整的视觉效果。

　　如图4-18所示，在服装的背部进行镂空处理，整体提高了服装的时尚程度，还增强了面料的层次感，使得服装更具创意性。在服装材料的减形设计中，局部镂空

图4-18　镂空的面料

处理和整体镂空处理所产生的视觉效果是不一样的。镂空处理也可以和不同的图案相结合，比如爱心、花卉等图案。此外，镂空处理不但可以进行有规则的处理，也可以随意地进行破洞剪裁，这给服装设计增添了趣味性。恰到好处的镂空效果，让服装既个性独特又新颖时尚。

4.3.2　抽纱处理

　　抽纱处理是指将面料原纱线中的经纱或纬纱抽除，从而改变面料本身的面貌，打破原始面料的肌理，呈现出特殊效果的表现手法。抽纱处理在牛仔面料上进行运用，可以将原本具有复古风格的牛仔服装向街头风格转变，增强了服装的时尚潮流感。这种面料的服装是现代时尚达人必备单品之一。如图4-19所示，对牛仔面料进行抽纱处理，使得面料呈现特殊的肌理，形成别具一格的面料效果，让本来较挺阔的牛仔面料改头换面，不仅仅增加了艺术效果，还会让服装变得极富创意。而将不同的面料进行抽纱处理，最后呈现的减形效果也是不一样的，这种处理方法为本身单调的面料增加了虚实交错的视觉效果，让最后的成衣更具有设计感与缥缈感。而对于真丝面料的抽丝处理，所呈现出来的效果也是不同的，利用连续与间断、横向与纵向的反差产生不一样的面料形态。

图4-19　牛仔抽纱工艺

4.3.3　烧灼处理

　　烧灼处理顾名思义是通过用火烧来改变面料原本的效果，是一种破坏性的处理方式，利用烟头或者其他可以燃烧的工具对面料进行灼烧，让面料出现形状、大小各不相同的孔洞，在孔洞的边缘处会自然而然地留下各种不同效果的燃烧痕迹，形成意想不到的艺术效果。在服装图案的设计上常常可以见到这种烧灼处理。俗话说"意在笔先"，设计师在进行烧灼处理前会构思好最后形成的效果，再进行实际操作。了解面料的性能是设计师进行烧灼处理的第一步，因为不同的面料，其烧灼后出现的效果、产生的气味等也不一样。如图4-20所示，该服装原本是米白色的纤维

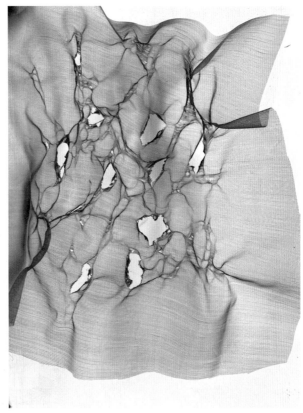

图4-20　烧灼处理的面料再造

面料，经过高温烧灼后边缘会出现棕色燃烧痕迹，结合设计应用到服装中，创造出与众不同的效果。

　　设计师可以有选择地将烧灼的面料应用到需要的地方，使得面料形态自由且有丰富的疏密感，这也是烧灼处理被设计师广泛应用的原因。在减形设计中，烧灼处理是一种打破传统理念的表现手法，这种特殊的手法让面料产生一种独特的魅力，虽然破坏了面料原有的样子，但是让服装呈现出丰富的变化又不失整体效果。

4.3.4　毛边处理

　　在传统的服装设计中，成衣的面料边缘都是平整的，这样会使服装显得干练规整；而在减形设计中，毛边处理违背了传统的设计方式，将服装衣边进行毛边处理常被设计师以边缘装饰的形式运用在服装设计中。毛边处理对面料本身不做处理，保留裁剪后形成的毛边，让服装边缘呈现自然形态，又或是抽掉毛边的经纬，将其修剪整齐，形成另外一种视觉效果。

　　如图4-21所示，在服装袖口及下摆将原本整齐的剪切边进行毛边处理，可形成新的视觉效果，让服装个性十足。毛边处理不但可以丰富面料的形态，起到装饰服装的作用，而且能给服装整体效果加分，增添服装的时尚感，形成截然不同的艺术效果。

图4-21　运用毛边处理的服装

对于面料再造中的减形设计,从视觉的角度来说,可以通过加工改变面料原本的肌理,使部分面料残破或者缺失形成新的肌理效果,给人带来不一样的视觉冲击。随着科技的不断发展,人们价值观的不断改变,以及流行元素的不断变化,减形设计是面料再造中必然存在的形式之一。相对于其他的面料再造方式而言,减形设计更容易形成一种破损的艺术效果,让服装更具有创新意义。

任务4.4　服装材料的综合设计

服装材料的综合设计是指对原有面料通过收褶、缝合、填充、堆积等手段改变原有形态的设计手法,使之具有立体的肌理效果。表面平滑被转化为触感强烈、视觉丰富、有立体肌理的面料,更适用于礼服中的立体造型。除此之外,硅胶、3D打印材料、生物塑料等新型材料的发明推动着服饰文化的发展,在服装创意设计中起到至关重要的作用。

在进行服装面料改造时，设计师常常运用多种手段进行表现。灵活地运用综合设计表现方法会使面料的展现效果更加丰富，从而创作出具有独特肌理及视觉效果的作品。

如图4-22所示，采用破坏、染色、钉珠、褶皱等不同工艺制作的皮革制品，呈现出了不同的风格。将服装材料的综合设计运用在服装上，能使服装更加具有层次感，准确传达出设计师的灵感和想法（图4-23）。

不同面料有各自的表情，面料的创意、花样、色彩和肌理应蕴含丰富的艺术性。面料不能只是用机器生产出来的一块布，它应该是有内涵的，应该与服装的整体设计浑然一体、相得益彰，共同传达设计师的理念和智慧。

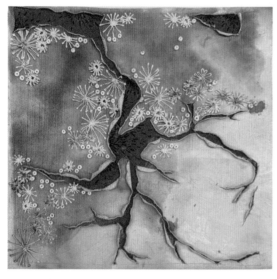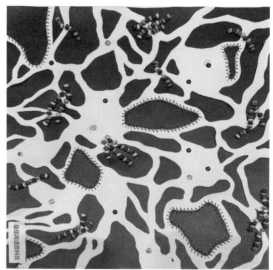
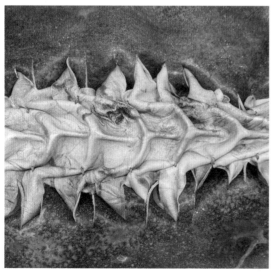

图4-22　皮革制品的综合设计

图4-23 服装材料的综合设计

面料再造
作品展示

思考题

1. 简述服装材料的分类。

2. 分析服装材料在服装设计中的重要性。

3. 学习服装材料设计有何意义？

项目 5
服装的专题设计

教学内容　从服装的款式、功能、分类等方面进行五个专题设计，即休闲装设计、职业装设计、礼服设计、童装设计、内衣设计，并针对不同的专题做具体的分析和设计应用。

知识目标　掌握五个专题设计的基本概念，熟悉服装的风格与分类。

能力目标　能有针对性地进行服装专题设计，提高绘图与设计能力，开拓视野，提高设计审美能力。

思政目标　提高对服装专题概念的界定和属性分析的科学素养；将服装与中国传统文化进行结合，提高设计审美能力的同时传播优秀传统文化。

　　服装的分类众多、风格也繁多，不同的分类与风格让服装有着独特的个性特征。服装的分类与风格的划分角度有许多，本项目主要从服装款式、功能设计等方面进行专题设计，将服装分为五个专题进行讲解。当今社会，人们在服装设计和穿着上越来越注重TPO原则［T代表时间（time），P代表地点（place），O代表场合（occasion）］，这也要求设计师在进行设计时，有较为准确的定位，不能以偏概全，应做具体的分析和设计。

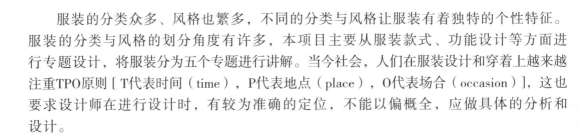

任务5.1　休闲装设计

　　现代人的生活节奏越来越快，人们希望在业余时间追求一种悠闲、放松、愉悦的心境，反映在服饰观念上，便是不愿受潮流的约束，慢慢摆脱传统习俗的束缚，追求舒适、自在的新型"外包装"。因此，休闲装迅速崛起并受到消费者的青睐（图5-1）。

图5-1　休闲装

休闲装

5.1.1　休闲装概述

　　休闲装俗称便装，它强调了对穿着者及其生活的关心，试图摆脱来自工作和生活等方面的压力；它是人们在休闲娱乐、生活中所穿着的一种服装，追求简洁自然，是人们对淳朴自然之风的向往。广义上来说，非正式场合穿着的休闲风格的时装都可以算作休闲装，包含运动装、家居服等，同时休闲装可分为前卫休闲装、运动休闲装、浪漫休闲装、古典休闲装、民俗休闲装和乡村休闲装等。

　　休闲装区别于正装，没有那么严谨、庄重，反映人们生活的多样性。在现代生活中，服饰的舒适性越来越受到重视，适于运动、便于生活的休闲装日益受到人们的喜爱，成为现代都市生活中必不可少的服装种类之一。

5.1.2　休闲装的分类与设计

（1）前卫休闲装及设计

　　前卫休闲装通常运用新型质地的面料，款式不固定，紧随市场流行趋势而变化，风格大胆而前卫，有时还会混杂许多艺术风格与街头元素（图5-2）。前卫休闲装的设计需要运用开放自由的设计手法，打破常规与传统的设计模式，独具个性美和时尚美。

（2）运动休闲装及设计

　　运动休闲装具有明显的功能性，在运动时能够舒展自如，以良好的自由度、舒适的运动感和强大的功能性赢得大众的青睐（图5-3）。如全棉T恤、涤棉套衫等，配合

图5-2　前卫休闲装　　　　　图5-3　运动休闲装

一些服饰品的搭配（如背包、发带、棒球帽等）更能突出休闲轻松的气氛。

（3）浪漫休闲装及设计

浪漫休闲装以柔和圆顺的线条和变化丰富的浅淡色调，营造出浪漫的氛围和休闲的格调（图5-4）。在设计中会较多地采用波纹设计产生流动感，以此来表现穿着者的身材比例。

（4）古典休闲装及设计

古典休闲装整体造型简洁、典雅端庄。该类服装的设计侧重简洁流畅、造型利落，同时要注意避免服装长度过长或过短。古典休闲装设计还强调面料的质地和精良的剪裁，显示出一种古典优雅的美（图5-5）。

（5）民族风休闲装及设计

民族风休闲装具有浓郁的民族特色，一般选用有民族特色的图案或工艺进行设计，如蜡染、扎染、泼染、刺绣等。款式上，常采用对襟、斜襟，细节处还有盘扣、系带设计，服装边饰上会有精美的装饰图案（图5-6）。

图5-4　浪漫休闲装

图5-5　古典休闲装

图5-6　民族风休闲装

（6）乡村休闲装及设计

乡村休闲装偏向自然、自由自在的风格，服装造型相对随意和舒适，一般选用手感较粗而自然的面料，如麻、棉等，是人们返璞归真、崇尚自然的真情流露（图5-7）。

（7）商务休闲装及设计

商务休闲装提倡的是一种简约的生活方式和生活态度，它既可以摆脱职业装的呆板和压抑，又适合工作与商务会议等场合（图5-8）。商务休闲装一般还会搭配休闲款皮鞋等。

（8）居家休闲装及设计

居家休闲装主要是人们在

图5-7　乡村休闲装

图5-8　商务休闲装

家中闲居时穿的休闲家居服（图5-9）。其面料舒适，以纯棉为主，体现阳光、舒适、自在的自然之美。

图5-9　居家休闲装

任务5.2　职业装设计

职业装指的是各种职业工作服的统称，是部分特殊职业工作者在工作过程中穿着的可以体现出职业特征、工种或是具有防护功能的服装，有标识性、艺术性和防护性等基本特征。伴随着社会的发展，职业装也在不断地发生变化，除了一些特定的职业外，大部分职业装都朝着更加时尚化、多样化的方向发展，一些功能性较强的职业装

图5-10 职业装

图5-11 酒店大堂经理（职业）装

也在不断革新和突破，面料工艺上会融入高科技，使其更可靠和安全（图5-10）。

职业装

5.2.1 职业装的色彩设计

根据不同的环境、职业工种和特定要求等，一般来说，中性色是职业装的基本色调，如黑色、白色、米色、驼色、藏青色、藏蓝色等。秋冬季用较深的中性色，春夏季用较浅的中性色。除此之外，在某些特定的职业领域，职业装的色彩不能随意更改，如警服、消防服、军装和医生、护士的服装等。

5.2.2 职业装的分类与设计

职业装的分类方式有多种，从行业角度来说可分为服务人员、车间作业人员、办公室人员的服装等；从服装产品角度来说，职业装可分为西装、夹克、制服、特种服等。职业装是根据行业特点特别设计的着装，具有很明显的功能体现与形象体现双重含义，同时还规范了人的行为，使之趋向于文明化、秩序化。具体来讲，职业装可分为以下几种。

（1）宾馆酒店类职业装及设计

宾馆酒店类职业装适合在各种档次的宾馆酒店、餐厅、酒吧、咖啡厅等工作的人员。以酒店餐饮业职业装为例，服装的款式和色彩设计大多要求体现餐饮业的文化特色（图5-11）。在进行设计前有必要对宾馆、酒店进行一定的调研，深入了解企业文化后再进行针对性设计。

（2）行政事业类职业装及设计

行政事业类职业装适用于各行政服务部门、执法单位，如税务局、城管、海关、公路局等，这类服装的面料通常为专用面料，款式以西装、衬衫、夹克为主（图5-12）。

（3）商场营业类职业装及设计

如图5-13所示，商场营业类职业装适用于各类商场、超市、专卖店、连锁店、营业厅等的工作人员，款式一般来说简单、大方得体，面料多以各种涤棉类、仿毛类、化纤类为主，如卡丹皇。在特定的促销活动（周年庆）或节假日（如春节、国庆等）时穿着的职业装上添加部分亮眼的装饰可增添商场整体的节日氛围感。

图5-12　行政事业类职业装

图5-13　商场营业类职业装

（4）医疗卫生类职业装及设计

医疗卫生类职业装适用于各大医疗单位和美容院、保健机构等的工作人员，色彩款式上比较单一，面料有涤平、涤卡、全棉纱卡等，在设计时需要注意局部的功能性。

（5）特种防护类职业装及设计

特种防护类职业装适用于一些需要特殊防护的工作人员。该类职业装具备防静电、防辐射、防污染、防阻燃、防菌、防酸碱、防水等特性，采用具有特殊功能的专用面料制作，款式上不会设计得很繁杂，强调功能性强和方便穿脱。

（6）劳动防护类职业装及设计

劳动防护类职业装主要是矿工、环卫工、维修工等劳动者在劳作时穿着的服装。这类服装要求有一定的耐磨性、耐用性，款式上宽松便于活动，面料有各种规格的纱卡、帆布、线绢、涤平、工装呢及纯化纤，如卡丹皇等。除此之外，在款式的局部还需加入反光条以起到警示作用，保护劳动者在劳作时的人身安全。

（7）金融类职业装及设计

金融行业的从业者要有认真、严谨和一丝不苟的工作态度，因此，金融类职业装的款式多以大方、端庄、典雅的风格为主，注重线条流畅、穿着时合体，色彩上多选用黑色、灰色、藏青色等低调的中性色，以凸显穿着者的沉稳性格（图5-14）。

图5-14　金融类职业装

（8）教育类职业装及设计

教育类职业装主要是指教师这一类人群在工作时穿着的正式服装。教育行业属于知识密集型行业，从业人员的着装要充分体现其工作的特点。干练、简洁是教育类职业装的主要风格，在设计时既要体现出教师的端庄得体，又要体现教师和蔼可亲的亲切形象。

任务5.3 礼服设计

5.3.1 礼服概述

礼服

礼服是指在庄重正式的场合举行仪式时穿着的服装，男士礼服与女士礼服有所区别，女士礼服以裙装为基础款式，男士礼服以西装为基础款式。

礼服产生于西方社交活动，晚礼服是在晚间正式场合穿着的礼仪服装；晨礼服是在白天正式活动中穿着的礼仪服装；小礼服是在晚间或日间的鸡尾酒会、正式聚会、仪式、典礼上穿着的礼仪服装。小礼服的裙长在膝盖上下5cm，适宜年轻女性穿着，与小礼服搭配的服饰适宜选择简洁、流畅的款式，着重呼应服装所表现的风格。裙套装礼服是职业女性在工作场合出席庆典、仪式时穿着的礼仪服装。裙套装礼服表现的是优雅、端庄、干练的职业女性风采。

5.3.2 礼服的分类与设计

根据穿着场合，礼服可分为日礼服、晚礼服、酒会礼服、婚礼服；按照西方传统，礼服可分为晨礼服、燕尾服、大礼服。礼服是服装种类中极具魅力的一种服装，虽在日常生活中不常用，但某些重要场合会要求参加者必须穿着此类服装出席，下面根据穿着场合对礼服进行详细的讲解和说明。

（一）日礼服

日礼服指在白天举行的社交场合穿着的服装，如参加典礼、参加正式访问等（图5-15）。女士穿着的局部加有刺绣装饰，精

图5-15 日礼服

工制作的裙套装、裤套装、连衣裙，雅致考究的两件套装等；男士通常穿黑色西装外套进行搭配。

日礼服一般多用素色，其中黑色最为正式，特别是出席一些高规格的洽谈、庆典、聚会时，黑色最能表现出穿着者端庄、稳重、大方、自尊的特点。在出席一些热闹的庆典活动时，颜色应该选择一些鲜亮明快的，以此来烘托出热烈欢快的气氛。

（二）晚礼服

晚礼服一般是指下午六点以后出席正式晚宴、听音乐会、观看戏剧以及参加大型舞会、晚间婚礼时所穿着的礼仪服装。它也是女士礼服服装中档次最高、最具特色、最能展现女性魅力的服装。晚礼服以交际为目的，为迎合隆重而热烈的气氛，选材多采用丝、锦缎、绉纱、塔夫绸、欧根纱、蕾丝等闪光、飘逸、高贵、华丽的面料（图5-16）。

晚礼服廓形一般采用低胸、露肩、露背的连衣裙，裙长及地或曳地。色彩上，与日礼服相比用色较多，一般是以高雅的色彩为主，如酒红色、宝石绿色、玫瑰紫色、黑色、白色等，细节处配以金色、银色以及丰富的闪光色，加强服装豪华、高贵的美感。有时，服装上还会配以相应的花纹以及各种珍珠、刺绣、光片等装饰，充分体现服装的雍容与华贵，温度较低时还可搭配披肩、外套、斗篷、手套之类的服饰进行整体设计。

（三）酒会礼服

酒会礼服是在下午三时至六时的朋友之间的非正式酒会中所穿着的礼仪服装。在这种场合，主人以酒为酒或其他酒精饮品来招待客人，一般不会提供很多的座位，客人也是手持酒杯自由走动交谈，甚至是站着边饮食边交流（图5-17）。由于场合的特殊性，女性的礼服款式大都比较短小干练。

图5-16　正式礼服

图5-17　酒会礼服

所用的面料种类较多，只要是垂悬性能较好的、精致美观的、华丽大方的都适用，如天然的真丝、锦缎、塔夫绸及各种合成纤维、混纺、精纺面料等，一些新型的面料也广泛用于此类礼服。

（四）婚纱礼服

婚纱礼服一般是指西式婚纱礼服，是西方女性喜爱的婚礼服饰之一。中国很早也有西式婚纱礼服的概念，但在近现代时，经济条件欠佳，许多大众消费者无力负担。伴随着经济的不断增长，中国消费者对婚纱礼服的接受度与应用范围也越来越广，因此国内婚纱礼服行业、市场也逐渐应运而生、蒸蒸日上。

婚纱礼服的面料多选择细腻精致的绸缎、轻薄透明的绉纱、绢、蕾丝，或采用有支撑力、易于造型的化纤缎、塔夫绸、织锦缎等。工艺装饰采用刺绣、抽纱、雕绣镂空、拼接、镶嵌等手法，使婚纱礼服产生层次感及雕塑效果（图5-18）。

图5-18　婚纱礼服

任务5.4　童装设计

5.4.1　童装概述

童装

童装是指婴儿、幼儿、小童、中童以及大童等未成年人的服装。童装设计根据年龄段的不同，需要有针对性地进行分析、考察和研究。设计婴幼儿的服装，需要重点关注服装的面料、材质的安全和亲肤性能；设计小童的服装，需要注重服装的延展性和活动性；设计中童、大童的服装则需要注重服装的装饰和时尚效果。在整个童装设计过程中，要经过比较、思考、细化，最终得出合理的设计方案。

儿童是相对特殊的群体，其各个年龄阶段的生长变化和心理特征是童装设计的重要依据。儿童与服装的关系密切，服装既是儿童的生活必需品，也是儿童亲密的"伙伴"，是儿童在不同成长阶段生理和心理诉求的外在体现。

5.4.2　童装的分类与设计

以年龄为阶段，可将儿童的成长大致分为5个阶段：婴儿（0~1岁）、幼儿（1~3岁）、小童（4~6岁）、中童（7~12岁）、大童（13~17岁）。根据年龄的分类，童装设计可以分为婴儿装、幼儿装、小童装、中童装和大童装。由于儿童的心理不成熟、身体发育快、变化大，好奇心强且没有完整的行为控制能力，所以童装设计更强调服装的安全性、功能性和装饰性。

（1）婴儿装设计

婴儿装是童装中的精品，"精"即面料之精，讲究绿色环保；造型之精，注重别致舒服；设计之精，讲究赏心悦目；结构之精，强调安全实用。婴儿大部分时间处于睡眠中，生活完全不能自理，对大部分事物没有自主意识。婴儿装特别注重舒适性、安全性和实用性，款式尽量简洁、平整、光滑的面料和宽松的廓形有利于保护婴儿稚嫩的皮肤和较软的骨骼，婴儿穿的衣服不需太讲究样式美观，而应宽松肥大，便于穿脱。如图5-19所示，上下连体式设计能很好地减少接缝，使服装更加平整光滑。裤门襟开合要得当，以便更换尿布，不过尿不湿的出现减弱了婴儿装的复杂程度。

婴儿装包括罩衫、围嘴、连衣裤、棉衣裤、睡袋、斗篷等。罩衫与围嘴可防止婴儿的唾液与食物污染衣服，具有卫生、清洁的作用。连衣裤穿脱方便，婴儿穿着较舒适自如。睡袋、斗篷则可以保暖，也

图5-19　婴儿装设计

易于更换尿布。婴儿装要易洗、耐用，多选用柔软透气的纯棉布、绒布制作，缝合处要避免硬结。

（2）幼儿装设计

幼儿装的造型不仅要适体耐看，还应该考虑幼儿的形体结构，服装造型整体上应宽松，廓形简洁，以方形、A字形为宜。在幼儿女装造型方面，多采用A形廓形，如连

衣裙、小外套、小罩衫等，在肩部或前胸设计育克、褶、细褶裥、打揽绣等，使衣服从胸部向下展开，自然地覆盖住腹部；同时，裙短至大腿，在视错觉影响下可显得腿长。使用频率最高的为连身式结构和吊带式结构，穿脱方便，易于活动，造型美观，需要时可及时添加外套，如裙、背心裤等（图5-20）。

图5-20　幼儿装设计

幼儿男装的外轮廓多采用H形或O形，如T恤衫、灯笼裤等。由于幼儿的颈短，领型设计需简洁，领子要平坦而柔软，忌花边装饰。春、秋、冬三季使用小圆领、方领、娃娃领比较合适，夏季可选用敞开的V字领和大、小圆领等，有硬领座的立领不宜使用。口袋是幼儿装设计的重点强调部位，幼儿对口袋十分钟爱，常常喜欢把一些小东西藏入口袋中。口袋设计要兼顾功能性和装饰性，形态要富有趣味性，袋口缝合要牢固。

（3）小童装设计

小童装的造型与幼儿装相似，廓形比幼儿装更加明显，常见的有A形、H形和O形。这个时期男孩和女孩开始有差异，加上父母为了突出孩子的性别，在设计中男童装和女童装会存在明显的差别。男童装经常使用H形、O形或者直线形轮廓，以显示小男子汉的气概，下装多以宽松舒适的裤装为主；而女童装则多使用X形、A形和曲线形线条来展示女童文静娇柔的气质，多采用连衣裙、吊带裙、背心裙等裙类造型（图5-21）。细节上，女童装的装饰设计比男童装更加优雅、花哨，多以花纹、蕾丝为主，男童装则简洁明了。生活中穿衣戴帽的小事也可培养儿童的审美情趣和独立意识。

图5-21　小童装设计

（4）中童装设计

男中童和女中童的身体差异越来越明显。男孩希望自己具有男子汉气概，因此男中童装的造型基本以干净简洁的O形、H形为主，避免华而不实的装饰性设计。女孩的体型已逐渐开始发育，腰线、肩线和臀线明显可辨，身材也日渐苗条，女中童服装可采用X形、H形、A形等外轮廓造型，连衣裙分割线也更加接近人体自然部位。女童日常服装可以分为高腰、低腰、中腰，即梯形、方形、X形等近似成人女装的造型，风格多为都市休闲类。春夏季节的女童装以马甲裙、背带裤、裤裙、T恤、连衣裙、短裙为主，秋冬季节以防风服、牛仔装、卫衣、棉服、大衣为主。春夏季节的男童装以T恤、衬衫为主，秋冬季节的和女童装没有太大区别（图5-22）。

图5-22　中童装设计

（5）大童装设计

　　大童装的造型设计，更多要考虑着装者的心理因素，此时的儿童叛逆心理逐渐显露出来，他们渴望成熟，不希望人们用"天真活泼""幼稚年少"等来评价他们。因此，大童装的款式如果过于天真活泼，他们都不太愿意接受；而款式太过成人化，又显得少年老成，没有了少年儿童的朝气。在服装的装饰方面，大童装中图案类装饰应当减少，造型以简洁为宜，必要时可以适当增添具有实用功能的设计（图5-23）。

图5-23　大童装设计

这一时期的儿童心理复杂且多变化，设计师要充分观察并掌握其生理和心理变化，满足他们的衣着审美需求。要在服装设计中有意识地培养他们正确的审美观念，指导他们根据自身实际和着装场合选择适合自己的服装。

任务5.5　内衣设计

5.5.1　内衣概述

内衣是指贴身穿着的衣物，主要包括抹胸、文胸、内裤和吊带背心，是女性必不可少的服装。内衣也被称为"女性的第二皮肤"，随着女性对内衣的重视，用来制作内衣的面料也在不断更新，人们追求技术型的产品带来的健康和健美，而不再是单纯的纯棉制品，流行主调的不断变更，也促使了各种造型和功能的内衣的出现。

常见的内衣面料有棉、蕾丝、真丝等。内衣按照外观造型可分为性感内衣、运动内衣、休闲内衣和俏皮内衣。内衣中的文胸按照功能可分为聚拢型文胸、舒适型文胸、无钢托型文胸、美背型文胸等，按照罩杯可分为三角杯文胸、3/4罩杯文胸、4/4全罩杯文胸和背心式文胸等。

5.5.2　内衣的分类与设计

（1）性感内衣

性感内衣在视觉上给人一种若隐若现又朦朦胧胧的感觉，其面料主要以蕾丝、透明网眼为主，性感内衣的款式由紧身胸衣转变而成，因此有部分款式还会保留钢托的设计（图5-24）。

（2）运动内衣

运动内衣是在健身房

图5-24　性感内衣设计

或室外运动时所穿着的内衣，它与其他款式的内衣有着明显的区别，运动内衣基本都是全罩杯的无钢托设计，包容性和稳定性较好。如图5-25所示，在运动时为了更好地保护穿着者的胸部，其功能性强，有较好的防震性。面料上多采用一些高弹力、全棉质、吸汗、速干、有一定保暖性能的面料。

图5-25　运动内衣设计

（3）休闲内衣

休闲内衣是为了满足现代人追求舒适、自然的生活环境和工作氛围而设计的款式，主要以舒适、方便为主，穿着无束缚，无钢托。追求自由、无拘束的概念，在现代越来越流行，女性不会刻意追求通过外力塑形的聚拢胸形，而是追求无束缚的自然胸形（图5-26）。

图5-26 休闲内衣设计

（4）俏皮内衣

俏皮内衣的设计多体现在内衣的印花图案上，设计师会将每年每季度流行的元素进行整合和再设计，并将其应用到内衣上。在款式上俏皮内衣会加入一些蝴蝶结、花边等元素进行点缀，以此来增加设计感（图5-27）。

图5-27 俏皮内衣设计

总之，设计师在设计内衣时，应当根据不同女性的不同需求进行设计。作为消费者而言，应当根据自己的切身感受，从自身实际出发来挑选一件适合自己的内衣，用最舒服的方式来展现女性的魅力。

思考题

1. 职业装设计的核心要素是什么？
2. 分析探讨不同种类的服装与款式之间的联系？
3. 根据不同穿着场合，礼服可以分为哪几类？

课后项目练习

1. 设计如下款式的休闲服装。
   A. 运动风格休闲装　　　B. 牛仔风格休闲装
   C. 针织风格休闲装　　　D. 商务风格休闲装
2. 设计四套新中式酒店前台职业装。
3. 运用褶裥元素设计三套正式礼服。
4. 运用蕾丝元素设计两套性感内衣。

项目 6
服装的系列设计

教学内容　服装系列设计的概念，服装系列设计的方法，服装系列设计的表现形式。

知识目标　掌握服装系列设计的基本概念和方法，了解服装系列设计的表现形式。

能力目标　能根据不同主题设计不同的系列服装。

思政目标　弘扬中华优秀传统文化，引导学生树立正确的价值观。

何为系列？系是指系统、联系；列是指行列、排列。系列即指将某一事物按一定的系统或关系排列起来。由此可以看出，系列不是个体，而是群体，这一群体之间必然有着互相联系的因素。系列服装，就是指具有某种联系因素，又有个性特征的服装群体。

任务6.1 服装系列设计的概念

日常生活中，系列设计处处可见，如系列家纺（图6-1）、系列家具、系列汽车、系列文学作品等。系列服装（图6-2）在生活中也随处可见，不再是舞台上的专属。

图6-1　系列家纺

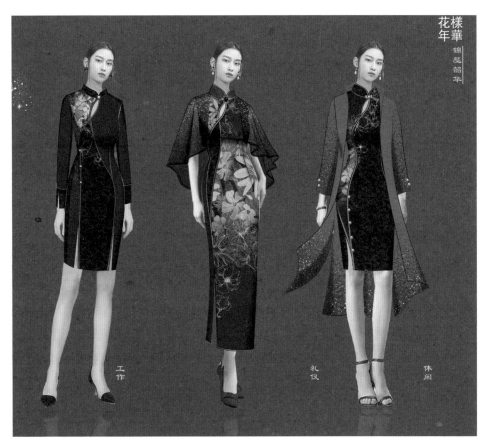

图6-2　系列服装

　　既然是系列，说明不是单一的，而是两套或两套以上，这几套服装之间会有一些相同的元素，但如果过于相同则会显得单调，没有变化，所以系列服装中的每套服装，同时要具备独特的个性，它们排列在一起，既有相同的共性，又有自身的个性，从而形成一个整体。它强调整体风格的统一性和各自特点的多样性。通过不同的设计元素和表现形式来构成系列，能够展现出服装的多样性和美感，而不是每套服装的简单相加。例如，将一条曲线复制几十次，排列整齐放置，就会形成一幅图，这幅图会带给人跳跃、流动、延伸的感受，这不是简单的一条条曲线叠加的效果。

任务6.2　服装系列设计的方法

　　对于系列服装的设计，需要注意的要点主要包括数量、共性、个性这三个方面。数

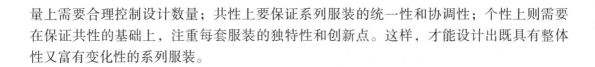

量上需要合理控制设计数量；共性上要保证系列服装的统一性和协调性；个性上则需要在保证共性的基础上，注重每套服装的独特性和创新点。这样，才能设计出既具有整体性又富有变化性的系列服装。

6.2.1　数量

　　一套服装我们可以称其为单套服装，两套服装称其为双体系列。在服装设计中，一般三套或者三套以上，才被称为系列服装。

　　服装系列设计一般分为大、中、小系列。小系列为3～5套服装，一般用于服装设计比赛，以效果图方式呈现居多，对效果图的绘制、表现技法和艺术表现要求较高。中系列为6～8套服装，不仅用于设计比赛，也用于时装展示发布会等。随着服装套数的增加，系列感会增强，所要表达的理念、主题会更加突出，从而让观众理解设计师想要表达的中心思想和情感。大系列一般为9套及9套以上，多用于时装发布会和展览会，需要将服装设计实物化展现，大系列的服装除了紧扣设计主题外，还需要与整个服装发布的会场布景、灯光相匹配。

　　服装系列设计不仅需要对服装进行搭配，还需要与饰品结合，如搭配包、首饰、帽子等。合适的饰品搭配，能起到画龙点睛的作用，让服装更有系列感，更具感染力。

6.2.2　共性

　　服装系列设计中的共性是指服装的系列设计需要表现同一个主题。共性就是系列服装的中心思想，它包括主题、精神、情调、风格等，具体反映在服装上体现为共同的造型，共同的内在结构，共同的面料、色彩，共同的装饰手法等。这里面所讲的共同其实是指相似或接近，不是完全相同，只是在人的视觉和心理上认为相同。例如，大圆和小圆，三角形和菱形等。

6.2.3　个性

　　个性要素体现的是系列服装中每套服装的独特性。个性的形成往往体现在构成单套服装的各个方面，包括形态、款式、造型、面料等，可以在形状、数量、位置、方向、比例、长短、松紧等方面有所不同。

　　在保证共性的同时，也要保证单套服装本身的形式完整性或形式美，以达到尽善尽美的效果。

任务6.3　服装系列设计的表现形式

除服装系列设计的基本特征外，了解服装系列设计方法也至关重要。服装系列设计强调多套单体服装相互之间的联系，与单套服装的设计方法虽有共通之处，但也不尽相同。

6.3.1　基础延伸法

所谓基础延伸法就是根据设计主题，先设计构思出一套服装，再将这套服装作为基础款式，然后根据基础款式延伸设计出符合服装系列设计基本特征的其他款式。

确定基础款式后再进行与其相似的设计，设计师需做到既不脱离基础款，又具有延伸性与创意性，并在此基础上延伸出多种款式。

6.3.2　整体宏观设计法

所谓整体宏观设计法就是根据设计主题，对服装品类、数量和整体风格做出宏观性的规划与安排，再根据整体逐一完善设计方法。

运用整体宏观设计法需要设计师具有大局意识与宏观意识，需要做好系列的整体策划工作。明确系列中有几种款式，几种类型，分别有几种变化，系列整体以什么类型的服装为主。然后以整体宏观视角进行变化，在整体框架定好后，再对每套服装的细节进行深入设计。

任务6.4　系列服装设计案例分析

6.4.1　系列作品——CAUTION

（1）灵感来源

本系列作品的主题名为"CAUTION"。现在人们的活动范围较大，不得不在多场景下切换，或空旷寒冷的户外，或闷热拥挤的地铁，且要应对复杂多变的微气候，因此对服装的功能需求不断提升。"CAUTION"系列服装，运用轻薄型、高透气性、速干、防水、防风的面料，在满足舒适性的同时，具有较强的功能性。图6-3为设计效果图，图6-4为设计灵感版。

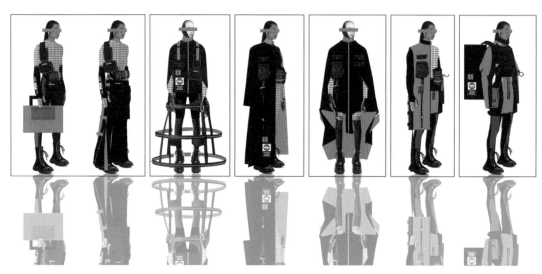

图6-3 "CAUTION"系列服装设计效果图（作者：叶青）

图6-4 "CAUTION"系列服装设计灵感版（作者：叶青）

（2）款式特点

在实用主义的影响下，服装设计趋向于多功能化发展，一般在主体结构基础上加入可调节的辅助设计，令其适合多种场景。百搭的黑色、有运动感的亮橙色，结合卡扣、拉链等功能设计，使服装具有实用性的同时还拥有时尚的造型，低调不浮夸的风格使其受众比较广泛。

　　一些细节上的设计更能体现人性化，利用拉链、魔术贴、四合扣、织带以及扣袢等功能型辅料将口袋再做模块化功能区域细分，使服装具备更加细致全面的实用功能；服装内部口袋同样尝试融合模块化细分。覆盖式口袋可探索单品的多样性，使用者可根据不同穿着场景进行调整，发挥其防护等实用功能（图6-5）。

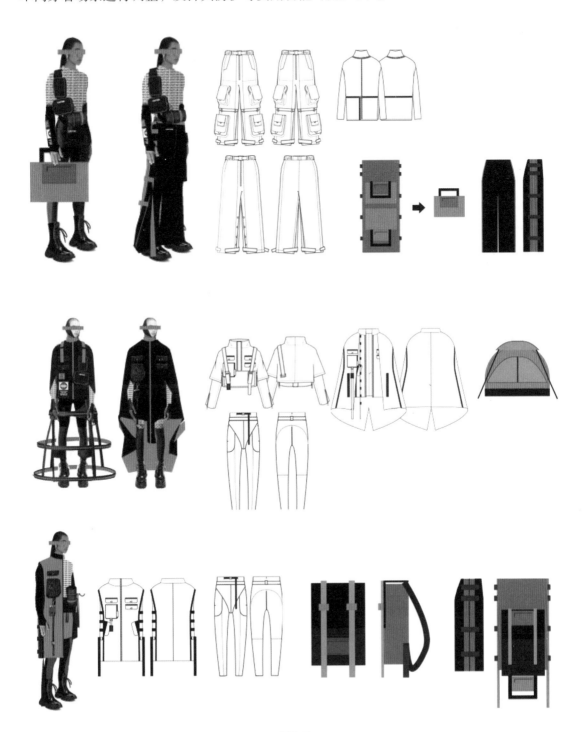

图6-5

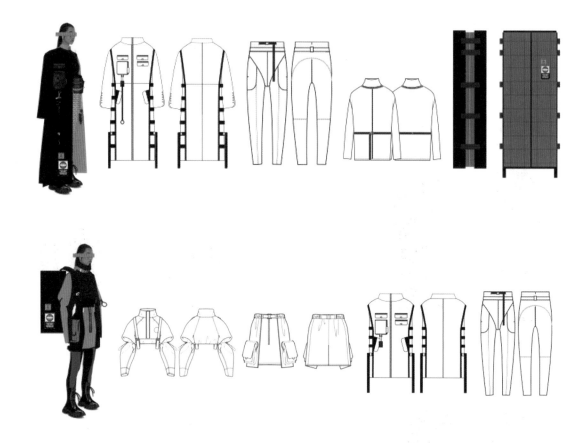

图6-5 "CAUTION"系列服装设计款式图（作者：叶青）

（3）色彩特点

本系列服装的色彩以亮橙色为主色调，结合时尚色彩的流行趋势搭配经典黑白色，在保留原定基调的同时符合运动潮流，且具有舒适功能性。警示配色的运用，在考虑户外运动安全性的同时，也使得单品更具有功能性，穿着便捷而舒适。

黑色拥有成熟、现代、奢华的内涵，与灰色搭配散发出未来主义的精致感。沙砾的色彩感营造城市建筑的色彩氛围，低调、安静，让服装的轮廓更柔和，质感更舒适。抢眼的橙色作为高纯度的代表色，给人以无限的活力，能展现穿着者活泼和真实的自己。

（4）面料特点

户外运动的急速流行，迫使品牌设计师对功能性面料的不断探索。新型科技材料具有良好的防水、速干等功能，可以承载压胶、复合等工艺，便于制作具有未来感和功能性的服装。具有缤纷彩虹色的混合反光纤维或涂层的高性能面料具有微妙的反光感，大面积使用这种面料使服装显得绚丽而极具科技感。在辅料的选择上，选择防静电、耐高温的面料，在满足运动休闲及流行的同时，使材料最大限度地发挥它的功能。图6-6、图6-7为作品"CAUTION"系列服装的成衣展示。

图6-6　"CAUTION"系列成衣展示1　　　图6-7　"CAUTION"系列成衣展示2

6.4.2　系列作品——飞鸟说

（1）灵感来源

　　本系列作品名为"飞鸟说"，其设计灵感来源于风筝。从历史记载和发现的古代风筝来看，其突出的特征就是以飞鸟的形状居多。人们崇尚飞鸟、热爱飞鸟、模拟飞鸟而制作风筝，是人们对美好生活的追求。该系列服装设计以此为灵感设计出具有休闲时尚感的针织服装，旨在传递积极向上的态度，展示出阳光、自信的未来气息，图6-8为"飞鸟说"系列服装的设计效果图，图6-9为设计灵感版。

图6-8 "飞鸟说"系列服装设计效果图（作者：王胜伟、翟嘉艺）

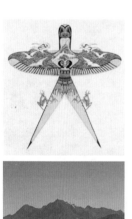

灵感来源：

本系列作品名称为"飞鸟说"。

灵感来源于风筝。

图6-9 "飞鸟说"系列服装设计灵感版（作者：王胜伟、翟嘉艺）

（2）款式特点

　　该系列服装在款式设计上主要以简约的廓形为基础进行解构再造，整体呈中性风格，打破传统氛围。用挺阔的A字形、宽肩T形、无袖H形，以简约高级的直线条满足人们日常通勤的着装需求。运用解构主义设计的大码风衣呈现出一种休闲风格的效果，表现了都市女性时尚帅气的调性，将风筝中的结构、形状等特点融入设计中，再运用创新镶拼和极具设计感的精工线缝工艺，制作出的简约时尚的服装能够更加贴近市场，如图6-10所示。

图6-10

图6-10 "飞鸟说"系列服装款式图（作者：王胜伟、翟嘉艺）

（3）色彩特点

在色彩方面主要采用雾霾蓝与静谧黑的组合，再搭配空间白，渐变色浸染，色彩百搭，适合多个季节，彰显简约时尚感，适合多个年龄层，具备长期市场吸引力，如图6-11所示。

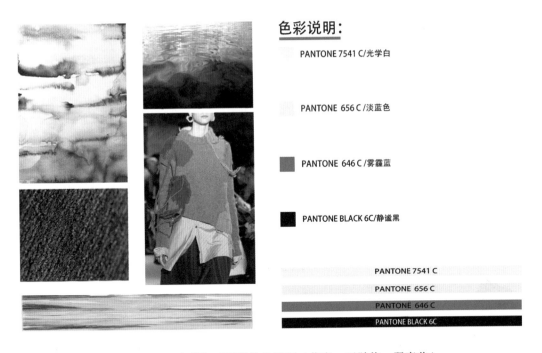

色彩说明:

PANTONE 7541 C/光学白

PANTONE 656 C/淡蓝色

PANTONE 646 C/雾霾蓝

PANTONE BLACK 6C/静谧黑

| PANTONE 7541 C |
| PANTONE 656 C |
| PANTONE 646 C |
| PANTONE BLACK 6C |

图6-11　"飞鸟说"系列服装色彩版（作者：王胜伟、翟嘉艺）

（4）面料特点

在面料选择上主要是以环保面料为主，采用可回收利用的涤纶，利用其良好的抗皱性和保形性，轻松表现造型的张力，搭配纸片纱和扁带纱增强肌理感，使服装精致又富有立体层次，图6-12、图6-13为"飞鸟说"系列成衣展示。

图6-12　"飞鸟说"系列成衣展示1

图6-13　"飞鸟说"系列成衣展示2

6.4.3 系列作品——失鱼者

（1）设计灵感

此作品的设计灵感来源于江南风景。江南钟灵毓秀、风景优美，像一幅幅泼墨山水画。此次设计选取了具象的"鱼"的形象，利用平面化、抽象化的设计手法处理鱼的图案，将其作为服装的装饰以及服装款式特色。将山水画中的水波纹进行抽象化处理作为服装的面料肌理，平面设计与立体设计相结合，使服装质感更为丰富。整体色彩方面运用了黑白灰色来展现水墨山水画的特色。工艺上运用了刺绣技法以及数码印花的方式，使服装整体具有中国韵味和东方特色。图6-14所示为该系列服装的效果图，图6-15所示

图6-14　"失鱼者"系列服装设计效果图（作者：孙路苹）

图6-15　"失鱼者"系列服装灵感来源与设计说明（作者：孙路苹）

为该系列服装的灵感来源与设计说明。

（2）款式特点

在款式设计上将"鱼"这个元素体现在服装的结构上，如在服装的领子上做风琴褶的设计，以此来表现出仿生鱼尾的特点。领口同样用刺绣工艺仿生鱼尾的动感。裙摆运用绗缝的形式展现山水画中的高山形制。裁剪方式上以中式的平裁为主，在此基础上夸大廓形，使服装更有表现力，不对称式的裁剪结构，利落的结构线，增强了服装的艺术感与氛围，如图6-16所示。

图6-16　"失鱼者"系列服装款式图（作者：孙路苹）

（3）色彩特点

在色彩上选用黑白灰三色来体现水墨感。黑白灰三色的比例经过多次调整，最大限度地体现出韵律感，也更能体现出传统的水墨感。白色奠定服装的整体基调，灰色、黑色的加入使服装整体呈现出渐变的水墨感，使服装整体更加具有中国风格。

（4）面料特点

外套的面料选用具有一定厚度与挺括感的毛呢面料，使服装具有一定的厚重感，体现出中国传统的谦逊与稳重。裙子和衬衫的面料选用较为轻盈的丝绸和棉麻面料，与厚重的毛呢面料形成对比，更强调韵律与节奏，丝绸面料与棉麻面料也是中国面料的一大特色，同样具有很强的中国韵味。整体结构上强调参差错落的节奏感，又能够营造出中式特色的平和韵味。图6-17～图6-20为设计作品"失鱼者"系列成衣展示。

图6-17　"失鱼者"系列成衣展示1

图6-18　"失鱼者"系列成衣展示2

图6-19   "失鱼者"系列成衣展示3

图6-20   "失鱼者"系列成衣展示4

思考题

1. 简述服装系列设计的概念和特点。
2. 在设计过程中，哪些因素对确定系列服装设计的主题和风格最为关键？
3. 在一个服装系列中，如何确保不同单品之间的协调性和统一性？

课后项目练习

1. 服装系列设计一般分为小、中、大系列。小系列为_____ ~ _____套服装，中系列为_____ ~ _____套服装，大系列一般为_____套及_____套以上。
2. 服装系列设计的表现形式包括_____法和_____法。

参考文献

[1] 李正，徐崔春，李玲，等.服装学概论[M].北京：中国纺织出版社，2014.

[2] 闫洪瑛.略谈服装的经济原则[J].艺术教育，2018，（24）：138-139.

[3] 李卉，华雯.服装设计基础[M].南京：东南大学出版社，2020.

[4] 陈海霞.服装设计基础[M].北京：中国纺织出版社，2018.

[5] 陈静.服装设计基础：点线面与形式语言[M].北京：中国纺织出版社，2019.

[6] 王欣.服装设计基础[M].重庆：重庆大学出版社，2016.

[7] 张倩梅，古燕苹，陈翠锦，等.服装设计基础[M].武汉：华中科技大学出版社，2021.

[8] 廖刚.服装设计基础与应用[M].沈阳：辽宁美术出版社，2014.

[9] 涂静芳，王军，朱琳.服装设计基础[M].北京：中国青年出版社，2011.

[10] 王悦，张鹏.服装设计基础.3版[M].上海：东华大学出版社，2018.

[11] 孙玉婷，张弘弢.服装设计基础.3版[M].北京：北京理工大学出版社，2020.

[12] 侯家华.服装设计基础.4版[M].北京：化学工业出版社，2021.

[13] 王小萌，张婕，李正.服装设计基础与创意[M].北京：化学工业出版社，2019.